工程应用力学实训

（第2版）

主　编 ○ 杨新伟　朱爱军
副主编 ○ 金秀梅　巩有奎　王立忠
主　审 ○ 周敏娟

西南交通大学出版社
·成 都·

图书在版编目（CIP）数据

工程应用力学实训 / 杨新伟，朱爱军主编. —2 版.
—成都：西南交通大学出版社，2017.7
高等职业技术教育“十三五”规划教材
ISBN 978-7-5643-5581-4

Ⅰ. ①工… Ⅱ. ①杨… ②朱… Ⅲ. ①工程力学－应用力学－高等职业教育－教材 Ⅳ. ①TB12

中国版本图书馆 CIP 数据核字（2017）第 163541 号

高等职业技术教育“十三五”规划教材

工程应用力学实训

（第 2 版）

主编　杨新伟　朱爱军

*

责任编辑　李晓辉
封面设计　何东琳设计工作室
西南交通大学出版社出版发行
四川省成都市二环路北一段 111 号西南交通大学创新大厦 21 楼
邮政编码：610031　发行部电话：028-87600564
http: //press.swjtu.edu.cn
成都中铁二局永经堂印务有限责任公司印刷

*

成品尺寸：260 mm×185 mm　印张：7
字数：172 千字
2017 年 7 月第 2 版　2017 年 7 月第 2 次
ISBN 978-7-5643-5581-4
定价：26.00 元

前　言

“工程应用力学”是土建类工程专业重要的技术基础课，也是其他相关专业的重要课程。随着教学改革的逐渐深化，教学内容进一步优化更新，教学时数也在减少。为了使学生用更少的时间掌握工程应用力学课程的基本知识、基本理论、基本方法，并且通过该门课程的实训练习，进一步提高逻辑思维能力以及分析和解决工程实际问题的能力，编者结合多年工程应用力学的教学实践，编写了本书。

“工程应用力学”课程特别注重概念的正确应用以及工程运算能力的培养，学生只有严谨、认真地做够一定数量的练习题，才能够掌握该门课程，真正达到基础扎实、应用灵活。按照传统的教学方法和学习方法，学生需要花费大量的时间去做习题练习，这又与学习时间的减少形成了尖锐的矛盾。为此，在本实训练习中，我们特别注重每一个习题的质量，习题不求多，突出精讲精练；将计算与思考相融合，练习与课堂理论相融合；突出学与用的结合。一个问题由简到繁，随着学生知识的拓展贯穿整个实训过程，前面一个小问题是后面一个大问题的基础；问题反复出现，不断深入发展；逐步加强学生对问题的认识、分析、判断和解决问题的能力训练。本实训突出的特点是一题多用、一题多解，这样既可提高学生分析问题、解决问题的能力，又可极大地缩短练习时间。

本书由石家庄铁路职业技术学院组织编写，参加编写的教师有：金秀梅、巩有奎、王立忠。全书由杨新伟和朱爱军统稿，由周敏娟主审。

由于编写时间仓促，受编者水平所限，实训练习中难免存在一些问题，恳请同仁批评指正。

编　者

2017 年 3 月

目　录

0-1　结构计算简图是用来代替工程实际中______________________________的简单图形。

0-2　结点是指____。一般可将结点分为________________、________________和________________________。

0-3　将下列支座的计算简图与对应的支座名称相连。

可动铰支座、固定铰支座、固定端支座、滑动支座。

0-4　构件的承载能力，是指构件在外荷载作用下能够满足______________、____________和______________要求的能力。

0-5　构件的强度是指______________________________，构件的刚度是指______________________________，构件的稳定性是指______________________________。

0-6　荷载撤去后即完全消失的变形称为______________，不能消失而残留下来的变形称为______________。

0-7　杆件变形的基本形式有______________________、______________、____________和____________。杆件产生不同变形的原因是杆件所受的______________不同。

0-8　画出图示结构的计算简图。

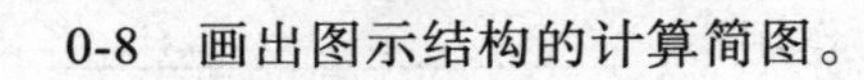

(a)

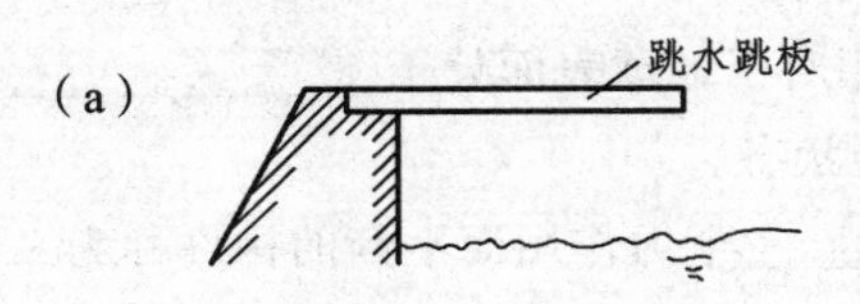

(b)

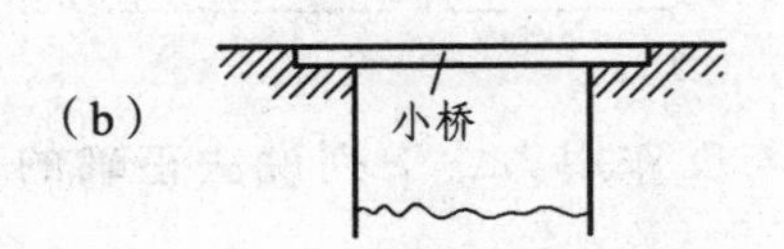

(c)

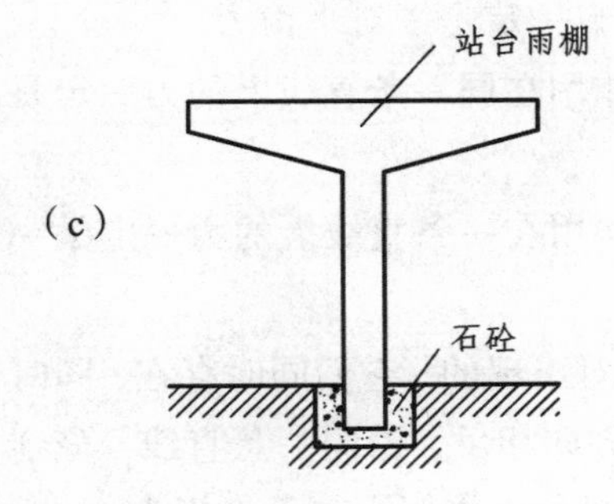

1-1　刚体是指，在任何外力作用下，____________________的物体。

1-2　物体的平衡是指物体相对于地球表面处于__________或__________的状态。

1-3　工程中，我们把只受______个力作用而平衡的构件称为二力杆。

1-4　作用在刚体上的力的三要素为________、__________和__________。

1-5　关于二力平衡和作用力与反作用力，下列说法正确的是__________。

A. 两个大小相等、方向相反的力一定是一对平衡力

B. 两个大小相等、方向相反，作用在同一条直线上的力一定是一对平衡力

C. 两个大小相等、方向相反，作用在一条直线上的力一定是一对作用力与反作用力

D. 两个物体间的作用力总是成对出现的，它们同时存在，同时消失，而且它们大小相等、方向相反，沿同一条直线，分别作用在两个物体上。这两个力称为作用力与反作用力。

1-6　下列说法正确的有__________。

A. 合力一定比分力大

B. 一个力可以和一个力系等效

C. 平衡力系就是等效力系

D. 作用在物体上的力，可以沿其作用线移至物体上的任意一点，而不改变该力对此物体的效应

E. 一刚体受同一平面内不平行的三个力作用而平衡时，这三个力必然作用在同一点上。

1-7　下列四个图，不能使关系式 $\boldsymbol{F}_R = \boldsymbol{F}_1 + \boldsymbol{F}_2$ 成立的是________。

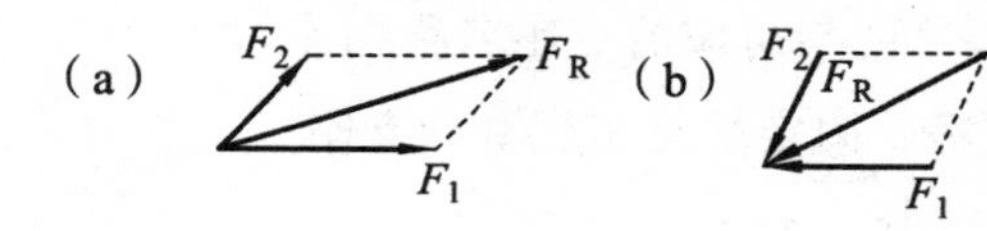

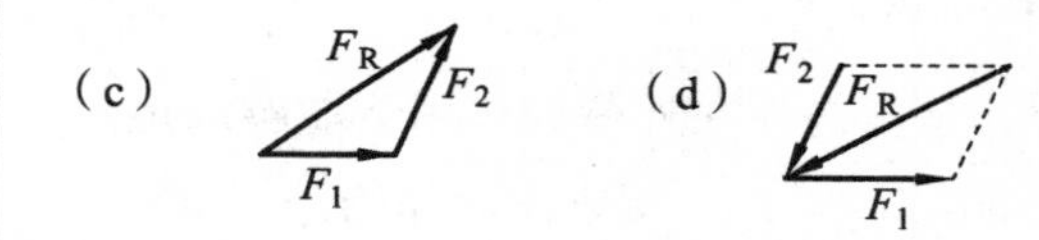

1-8　指出图中哪些力是二力平衡、哪些力是作用力与反作用力。

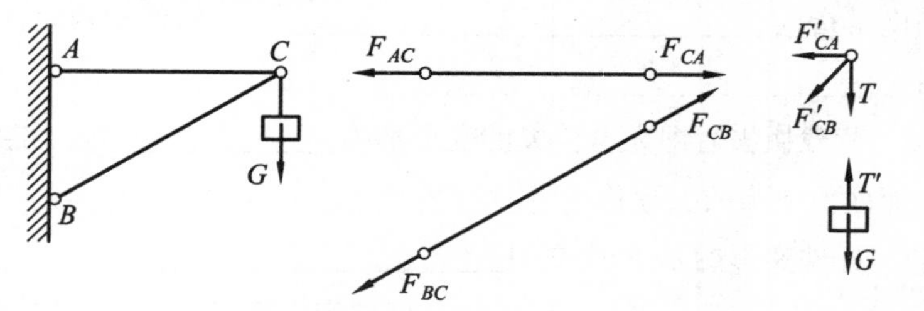

1-9　指出图示结构中的二力杆（杆自重不计）。

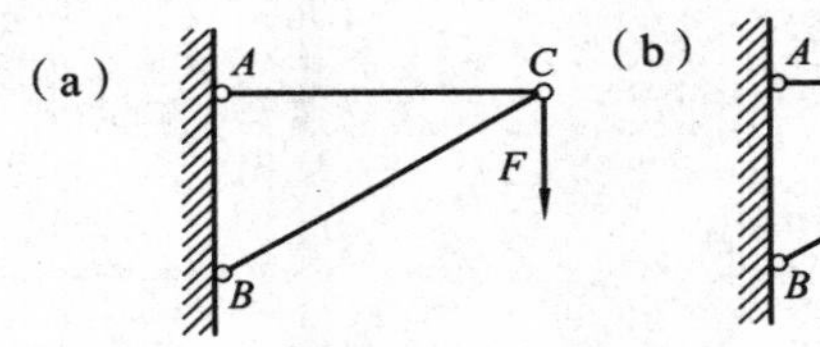

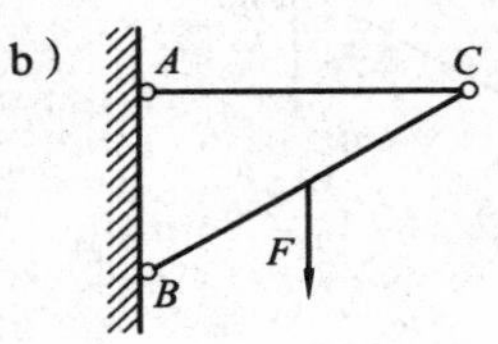

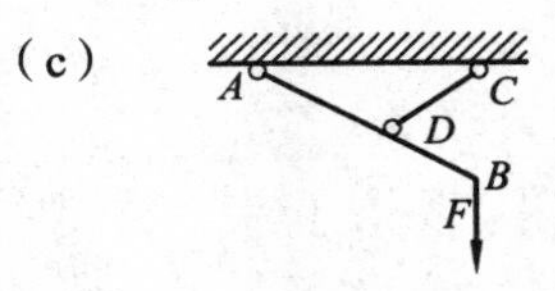

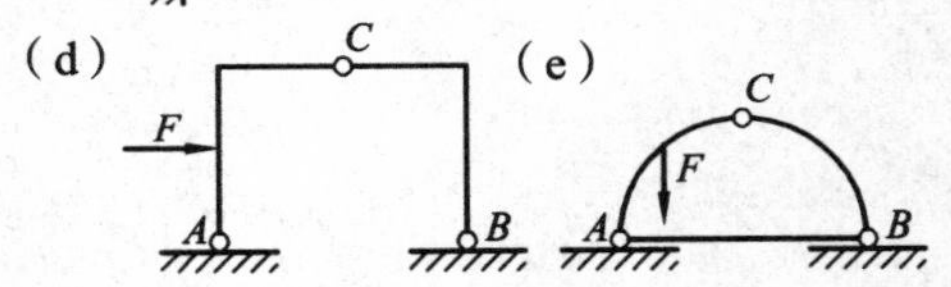

1-10　周围物体对被研究物体构成的运动限制作用称为＿＿＿＿＿＿＿＿，这些周围物体被称为＿＿＿＿＿＿。

1-11　约束反力的共性是：其作用点在约束与被约束物体的＿＿＿＿＿＿＿＿，其方向总是沿着约束与被约束物体的＿＿＿＿＿＿＿＿＿＿＿＿＿＿＿。

1-12　下列图中各支座依次为＿＿＿＿＿支座，＿＿＿＿＿支座，＿＿＿＿＿支座，＿＿＿＿＿支座。在图上画出各支座的约束反力。

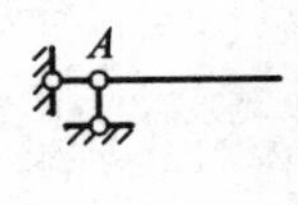

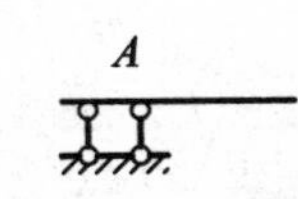

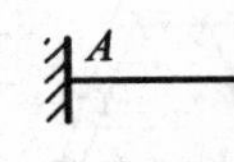

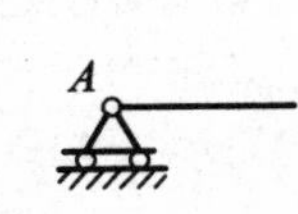

1-13　下列说法正确的有＿＿＿＿＿＿。

A. 约束反力的作用点在约束与被约束物体的接触点上

B. 约束反力的方向总是指向被约束的物体

C. 约束反力和主动力是一对平衡力

D. 约束反力和主动力互为作用力与反作用力

E. 约束反力和主动力分别作用在不同物体上

1-14　从周围物体中分离出来的研究对象称为＿＿＿＿＿。

1-15　在分离体上画出周围物体对它的全部＿＿＿＿＿＿＿和＿＿＿＿＿＿＿的简图称为分离体的＿＿＿＿＿＿。

1-16　画出图中小球的受力图。

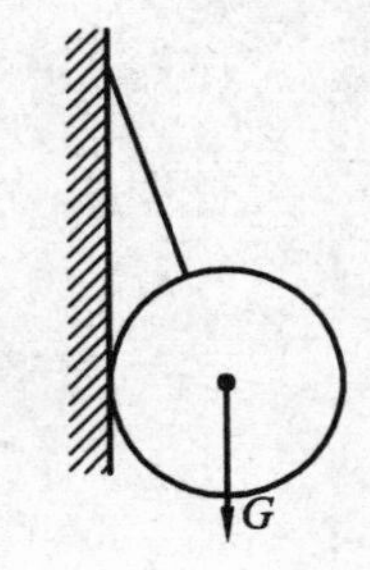

1-17　画出图中各杆的受力图（无特别说明，杆自重不计）。

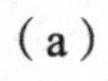

（a）

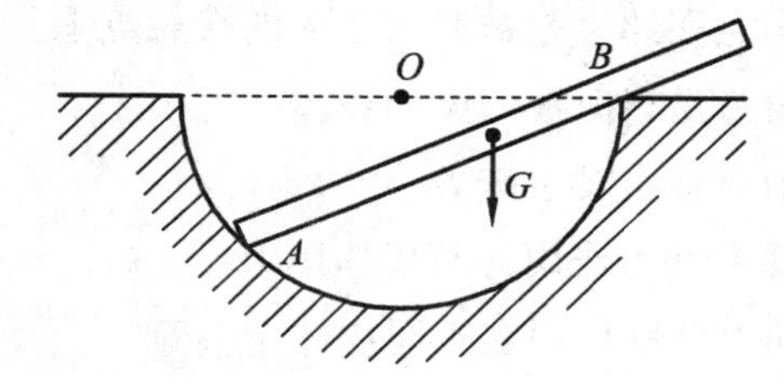

（b）

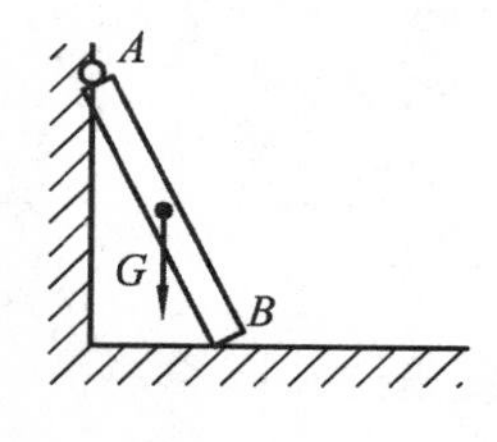

（c）

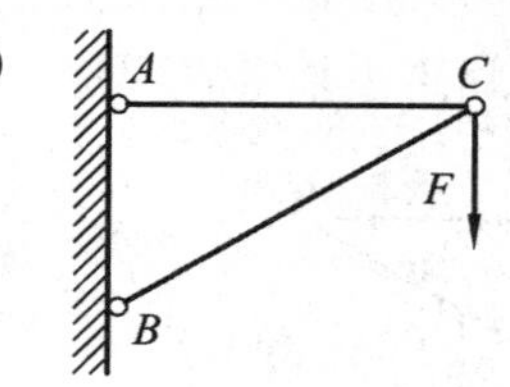

（d）

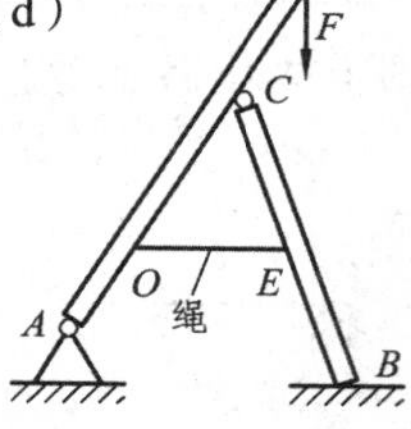

(e)

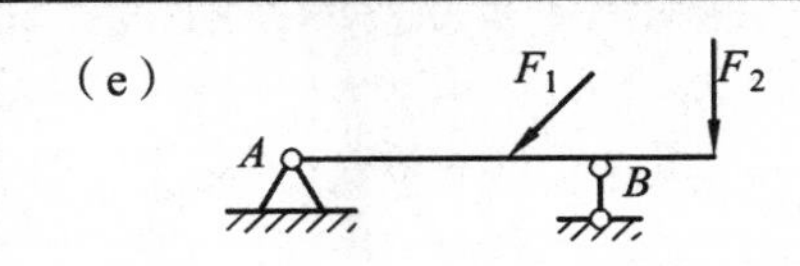

(g)

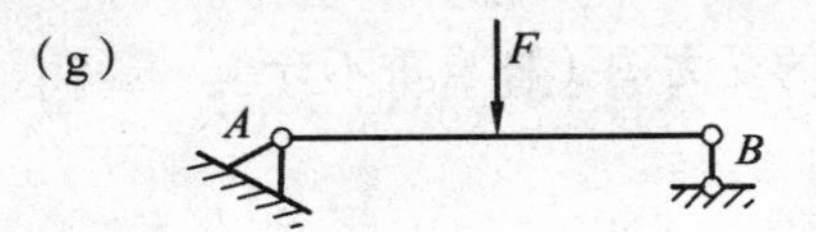

(f)

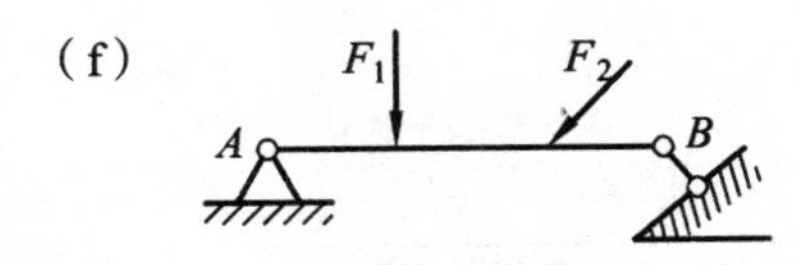

(h)

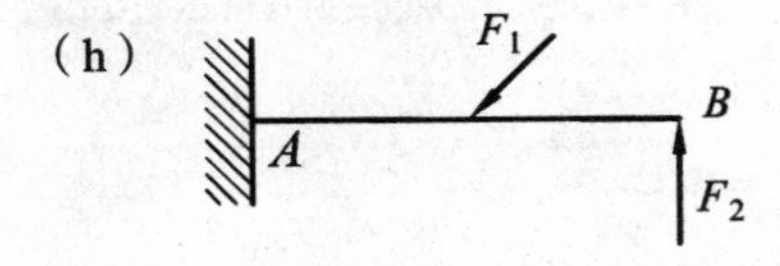

1-18　画出图中各杆和整体的受力图（杆自重不计）。

（a）

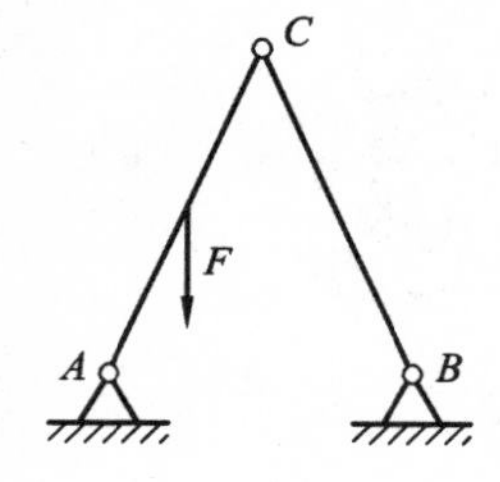

（b）

（c）

（d）

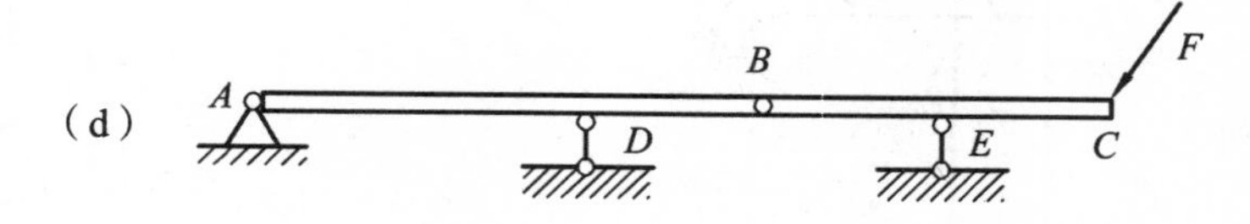

1-19　画出图示刚架的受力图。

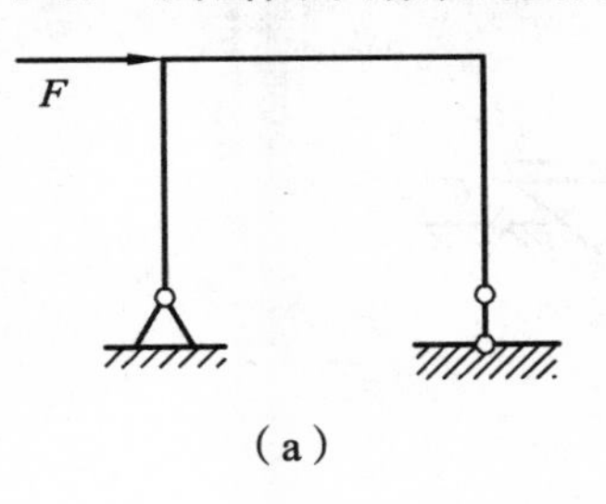

（a）

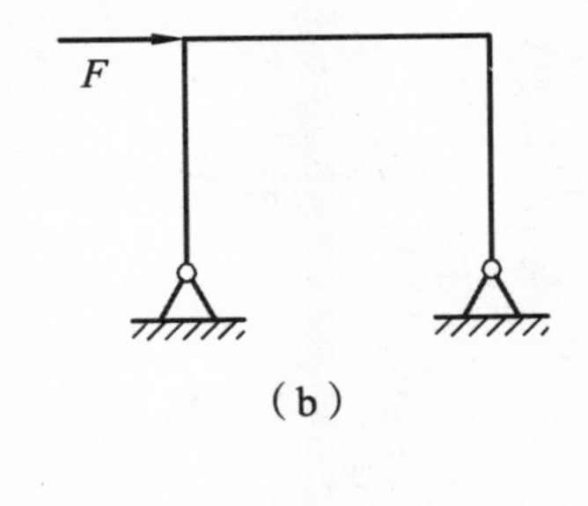

（b）

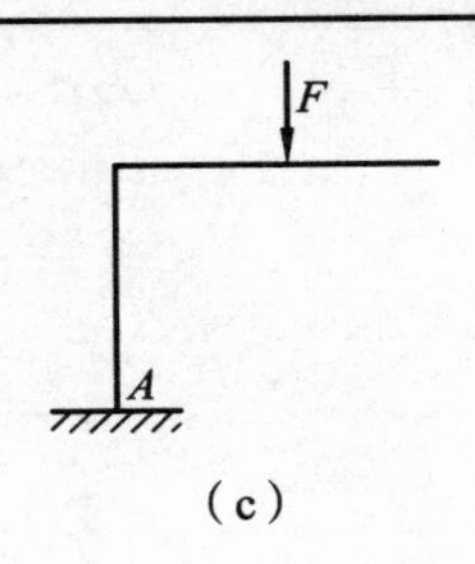

（c）

1-20　画出图中指定部分的受力图。

（1）球 C 和杆 AB。

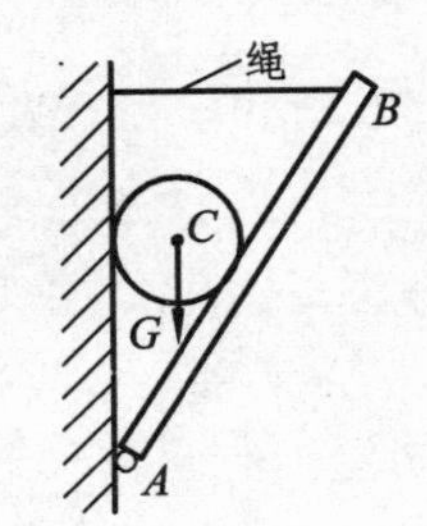

（2）杆 AB 、CD 以及整体。

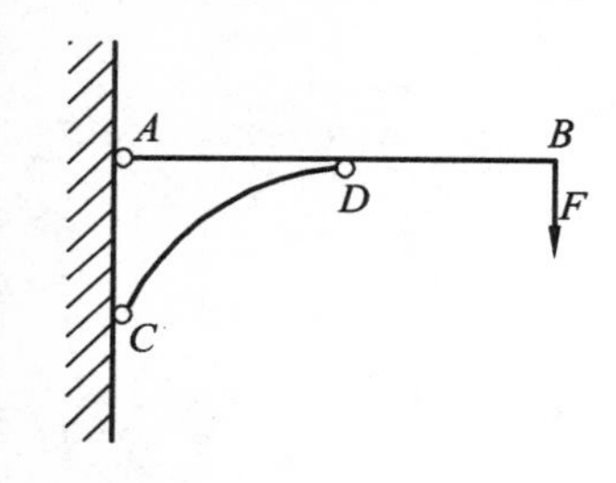

（3）杆 AB 。（用于 8-1）

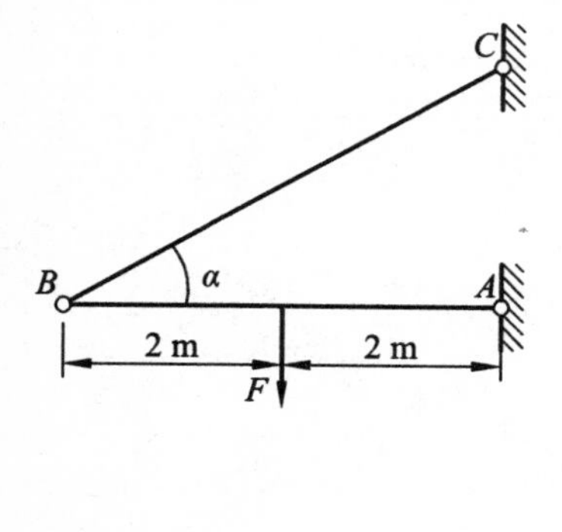

（4）杆 AB 、BC 以及整体。

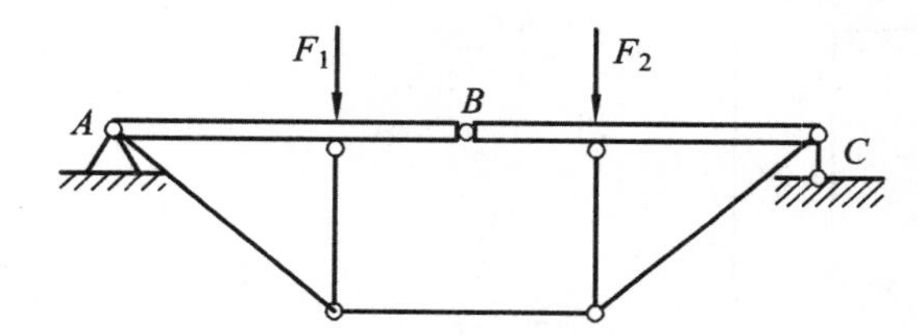

2-1　力矩等于零的条件是________或________。

2-2　力偶是由两个________、________、________的平行力组成的特殊力系；力偶的两个力所在的平面称为________，两个力作用线之间的距离称为________。

2-3　________是力偶对物体转动效应的度量，其值为________；力偶使物体________转动时力偶矩取正，反之取负。

2-4　力偶的三要素是________、________和________。

2-5　下列说法正确的有________。

A. 因组成力偶的两个力大小相等、方向相反，故力偶合力为零

B. 力偶对其作用面内任一点的矩恒等于力偶矩，与矩心位置无关

C. 同一平面内的两个力偶，只要它们的力偶矩大小相等、转向相同，则这两个力偶是等效的

2-6　力偶不能和一个力平衡，为什么图中的轮子却能平衡呢？

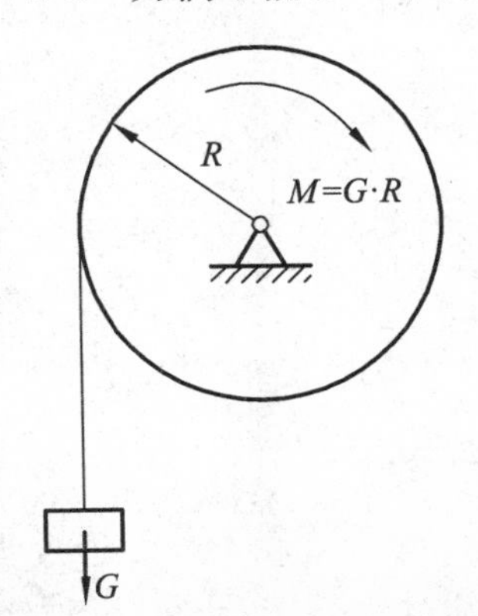

2-7　求图中力 $\boldsymbol{F}$ 对 A、B、C、D 各点的矩。

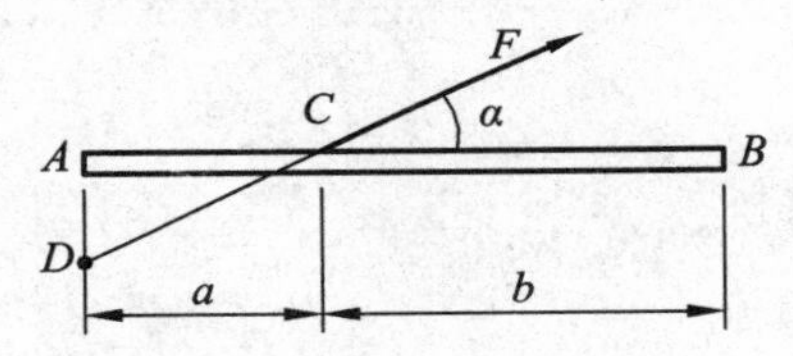

$M_A(\boldsymbol{F})=$________；　$M_B(\boldsymbol{F})=$________；

$M_C(\boldsymbol{F})=$________；　$M_D(\boldsymbol{F})=$________。

2-8　计算下图中力 $\boldsymbol{F}$ 对 O 点之矩。

(a)

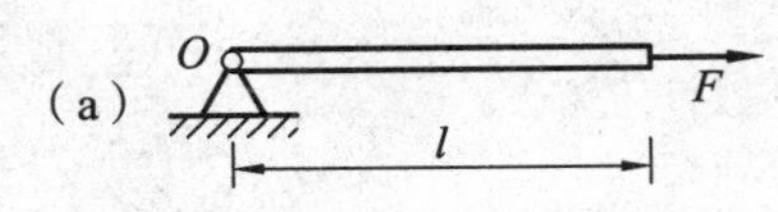

$M_O(\boldsymbol{F})=$

(b)

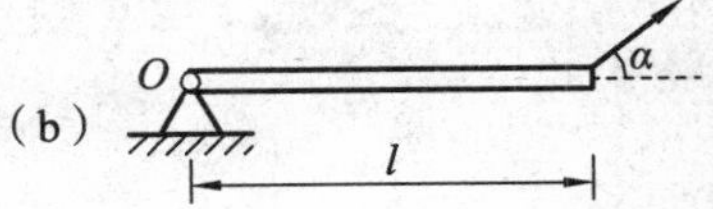

$M_O(\boldsymbol{F})=$

(c)

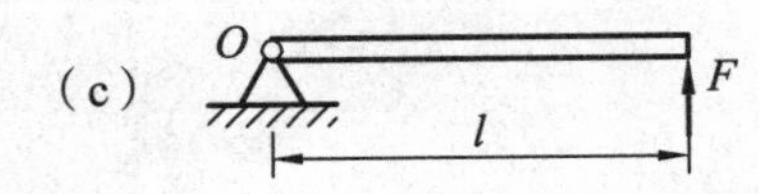

$M_O(\boldsymbol{F})=$

(d)

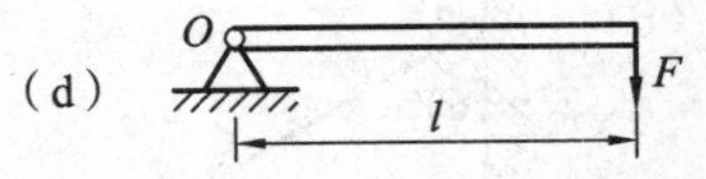

$M_O(\boldsymbol{F})=$

(e)

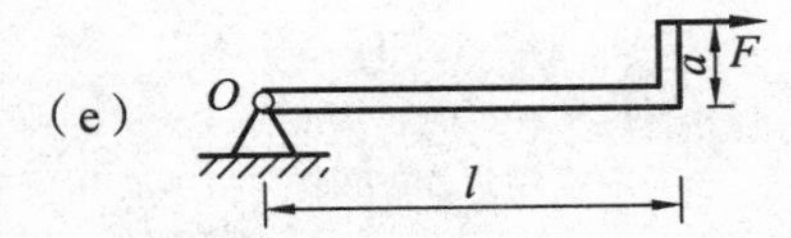

$M_O(\boldsymbol{F})=$

2-9　求图示三角支架中 AC、BC 杆所受的力。(用于 4-21)

(a)

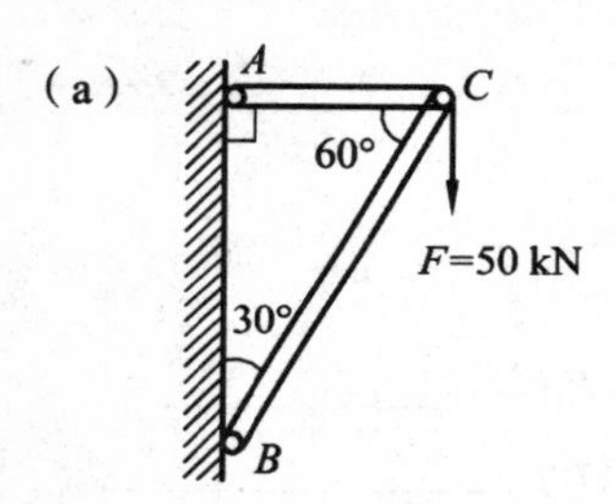

(b)

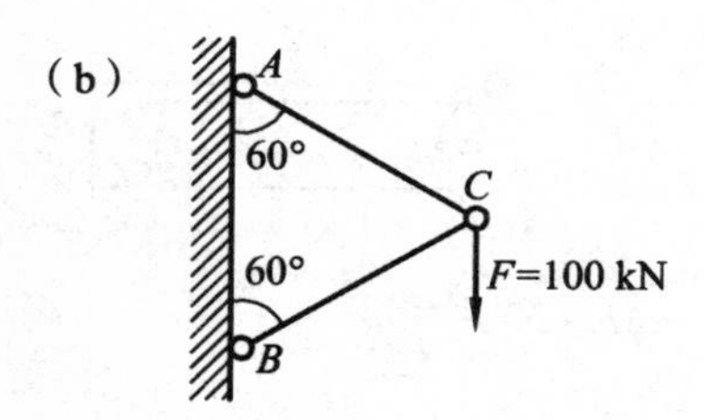

2-10　简支刚架受力如图所示。求支座 A、C 处的约束反力。

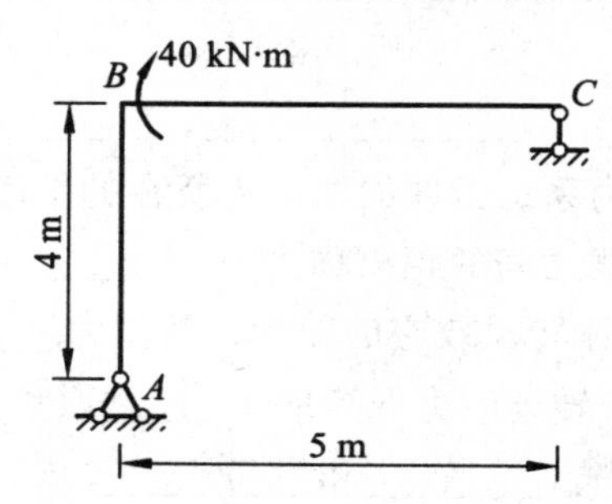

2-11　图示四连杆机构，已知 $O_1A:O_2B=2:3$。为保持此机构在图示位置平衡，力偶矩 M_1 和 M_2 的大小之比应为多少？

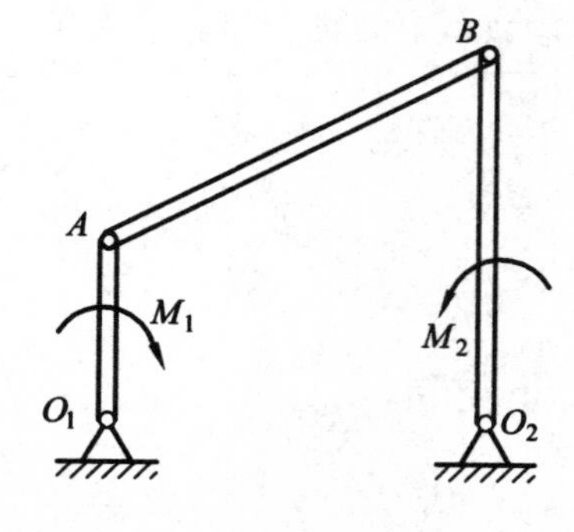

2-12　能否根据力的平移定理，将图示力 ***F*** 从 *D* 点平移到 *E* 点？为什么？

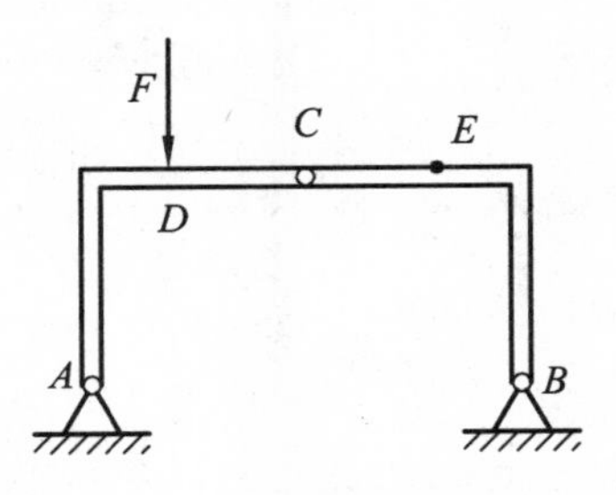

2-13　求图中分布荷载在坐标轴上的投影以及它们对 *O* 点之矩。

（a）

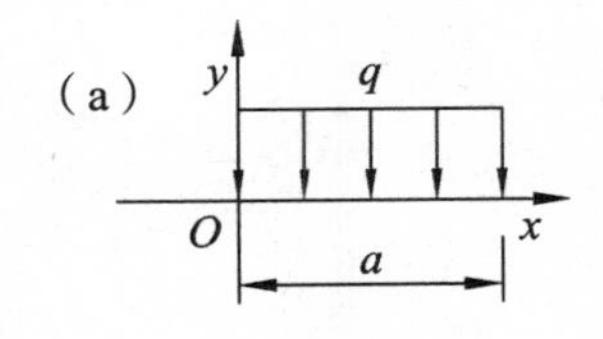

（b）

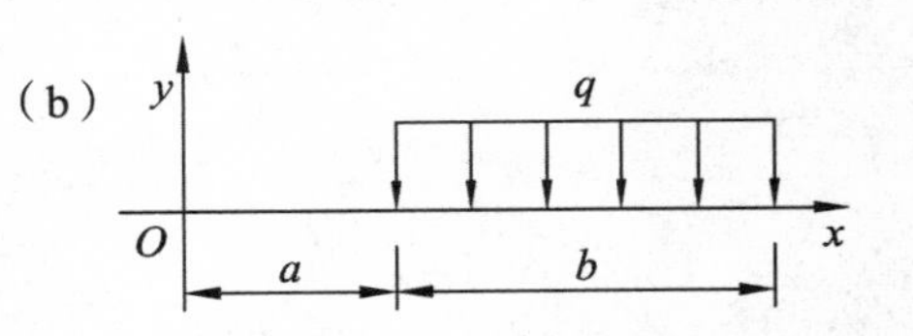

$F_y =$

$M_O(q) =$

$F_y =$

$M_O(q) =$

（c）

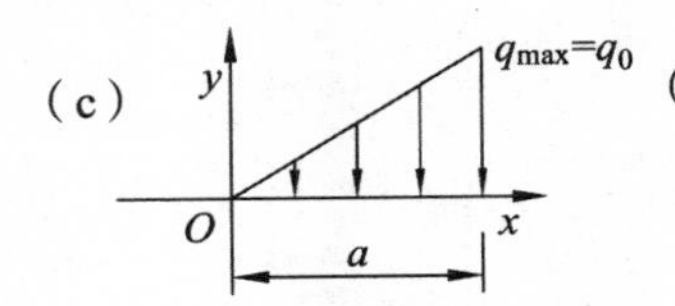

（d）

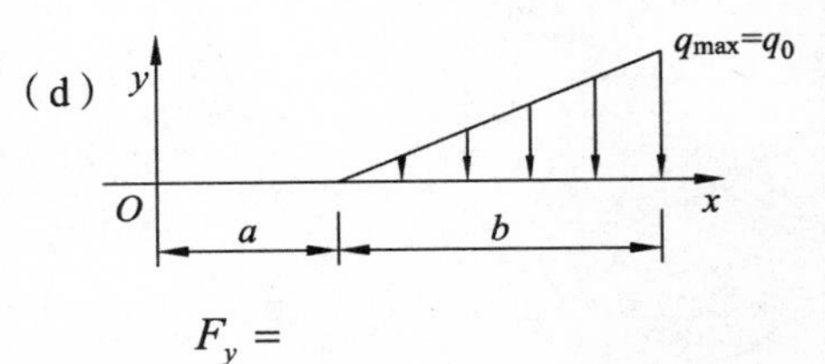

$F_y =$

$M_O(q) =$

$F_y =$

$M_O(q) =$

2-14　求图示各梁的支座反力。（为梁的内力计算做准备）

（a）

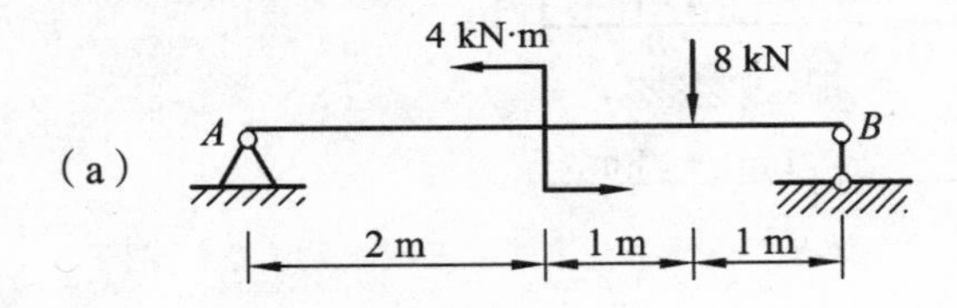

（b）

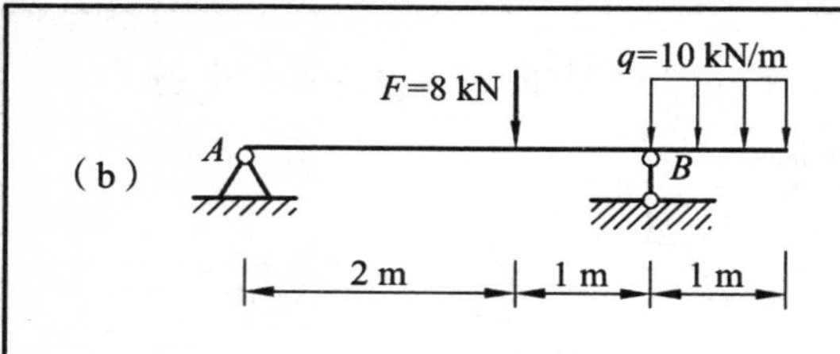

（c）

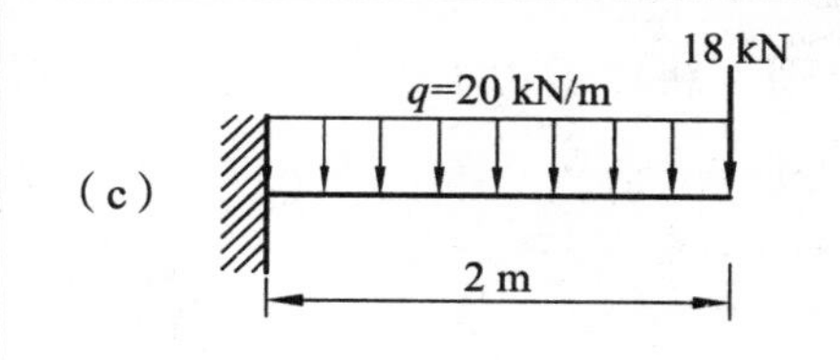

(d)

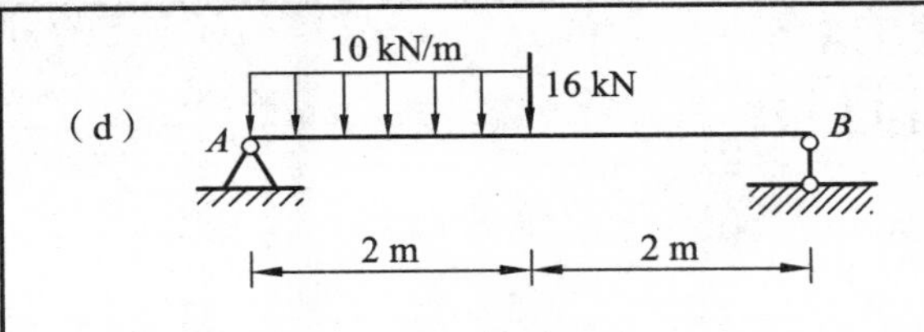

(e)

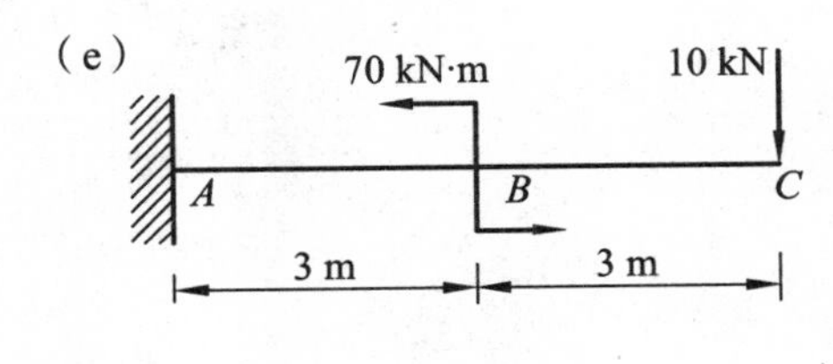

(f)

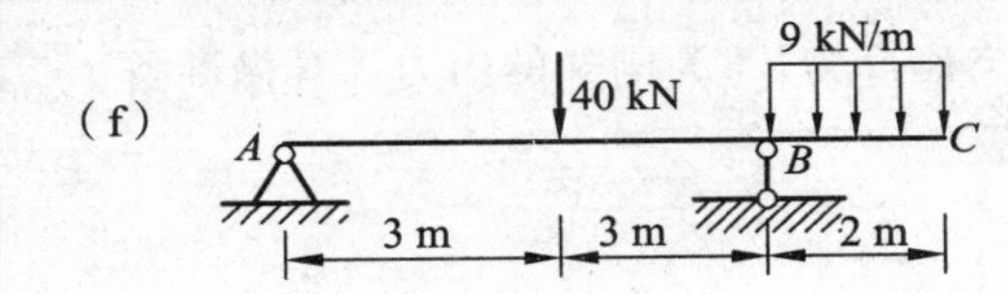

　班级＿＿＿＿＿＿姓名＿＿＿＿＿学号＿＿＿＿

2-15　求图示刚架的支座反力。（为刚架的内力计算做准备）

（a）

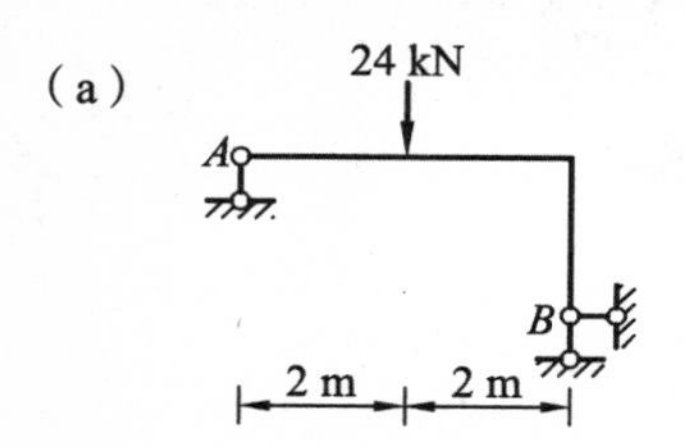

（b）

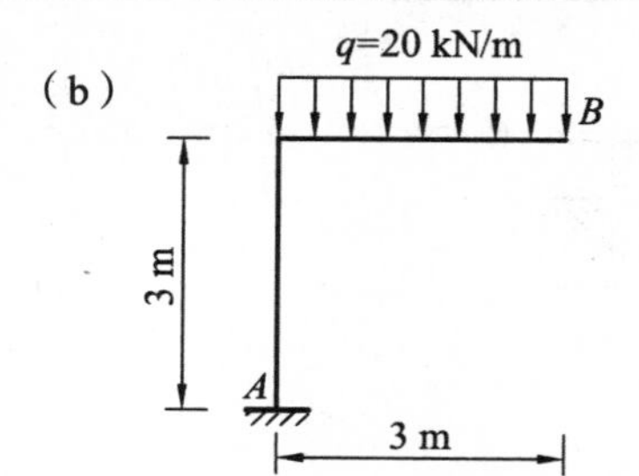

（c）

2-16　三角支架结构尺寸及受力如图所示。A、C 端为固定铰支座。已知 $F = 60\ \text{kN}$，杆重不计。求杆 BC 的拉力及支座 A 处的反力。

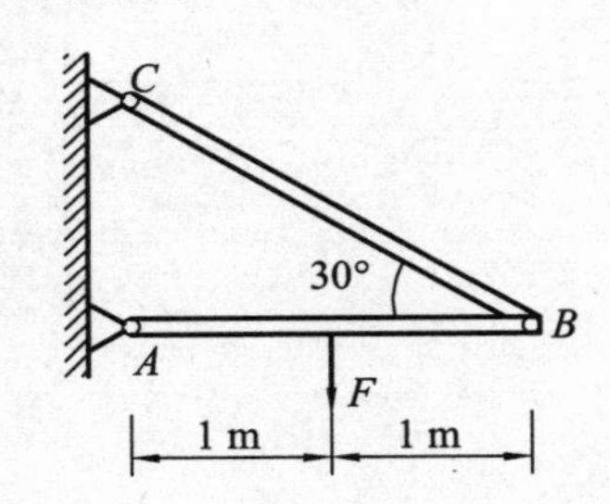

2-17 求图示多跨静定梁 A、B 支座处的约束反力。

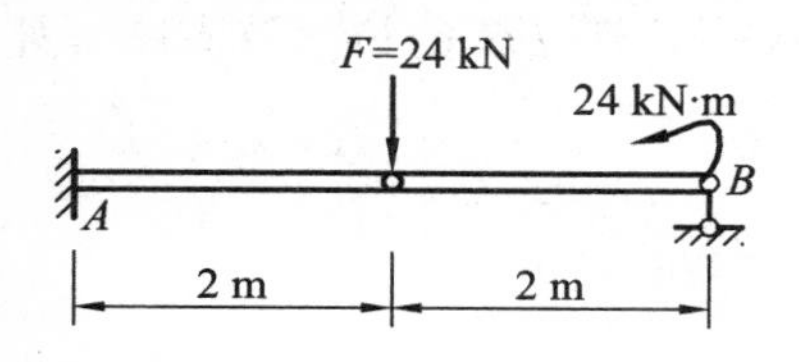

2-18 求图示多跨静定梁各支座及中间铰处的反力。

（a）

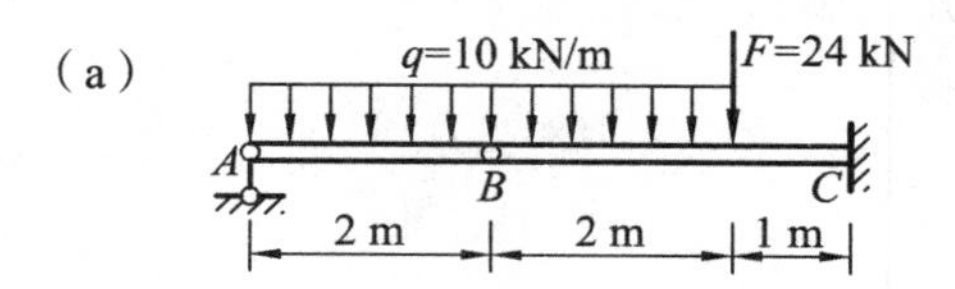

（b）

q=10 kN/m　M=40 kN·m

A　B　C　D

2 m　2 m　2 m　2 m

2-19　求图示刚架 A、B 处的约束反力。

（a）

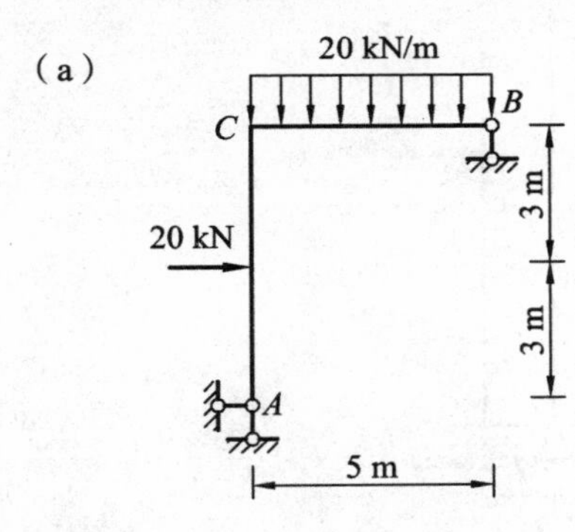

（b）

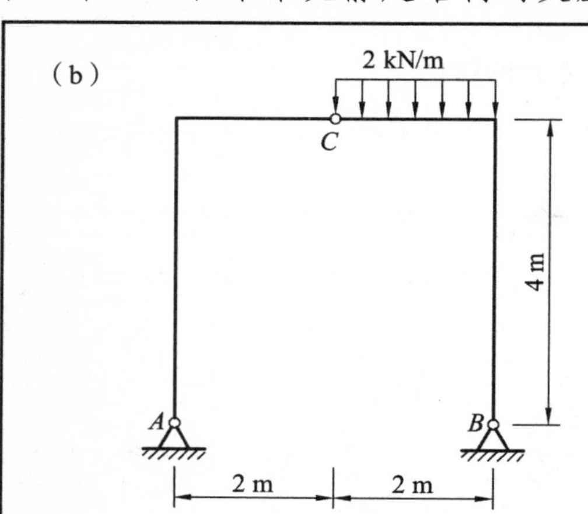

2-20　计算如图所示三铰拱支座 A、B 的约束反力。

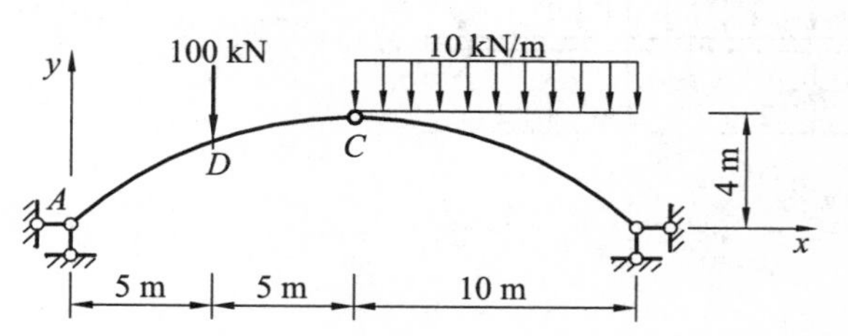

3-1　体系的几何形状与位置均能保持＿＿＿＿＿＿的体系称为几何不变体系。只有＿＿＿＿＿＿体系才能作为工程结构使用。

3-2　在体系的几何分析中，一根链杆相当于＿＿＿个约束，一个单铰相当于＿＿＿个约束。

3-3　在一个体系上增加或拆除二元体，＿＿＿＿原体系的几何性质。

3-4　下图所示体系中都有 A、B、C 三个铰，试指出各属何种铰、属何体系。

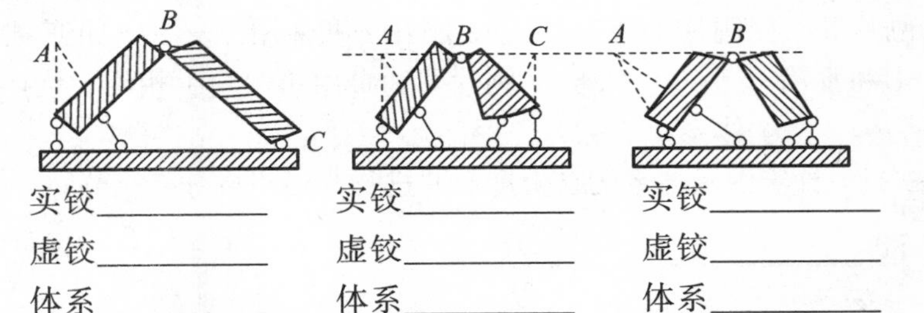

实铰＿＿＿＿＿　　实铰＿＿＿＿＿　　实铰＿＿＿＿＿

虚铰＿＿＿＿＿　　虚铰＿＿＿＿＿　　虚铰＿＿＿＿＿

体系＿＿＿＿＿　　体系＿＿＿＿＿　　体系＿＿＿＿＿

3-5　下列图示体系中：

（a）图符合（　　）规则，是（　　）体系；

（b）图符合（　　）规则，是（　　）体系；

（c）图符合（　　）规则，是（　　）体系。

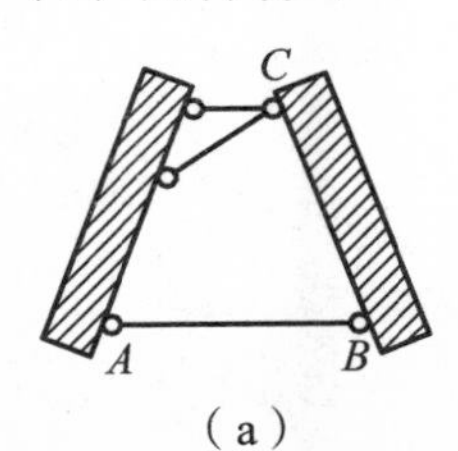

（a）

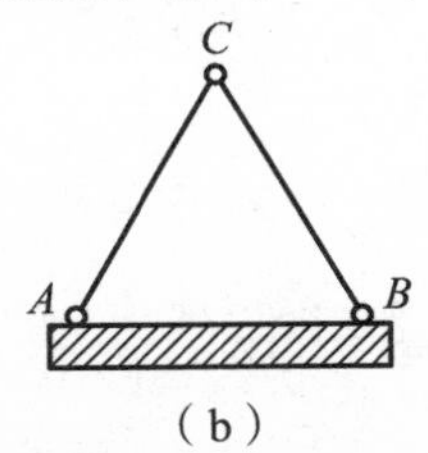

（b）

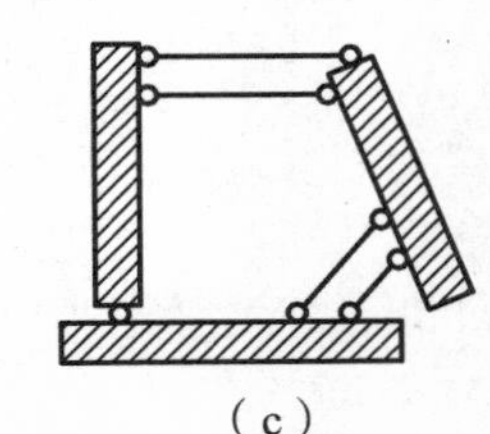

（c）

3-6　图示体系中符合二刚片规则的是＿＿＿＿＿＿＿＿，符合三刚片规则的有＿＿＿＿＿＿＿＿＿＿＿＿＿。

(a)　(b)　(c)　(d)

(e)　(f)　(g)　(h)

3-7　连接两个刚片的铰称为单铰，连接三个及以上刚片的铰称为复铰。连接 n 个刚片的复铰相当于＿＿＿＿个单铰。

3-8　图示体系，结点 A、B、C、D、E 中（　　）为单铰，（　　）为复铰。计算图示体系的自由度。

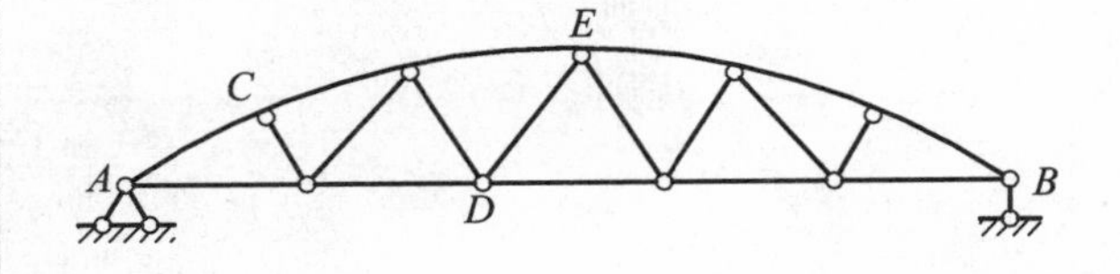

$W=$

3-9　图示工程结构各符合哪个几何组成规则？

（a）

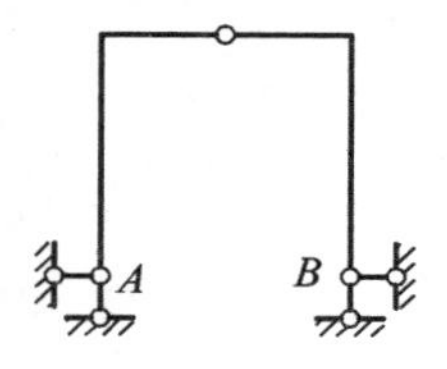

（b）

（c）

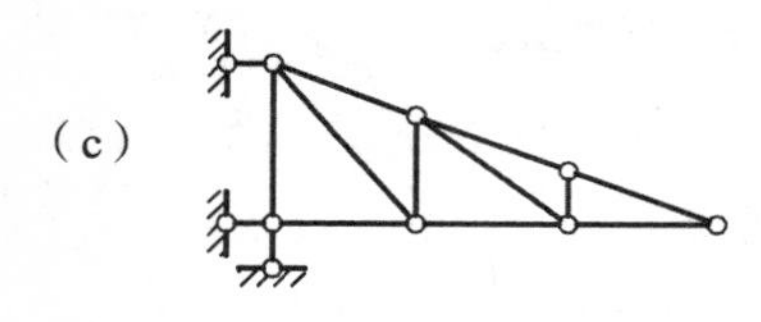

图（a）符合（　　　　　　　　　）规则；

图（b）符合（　　　　　　　　　）规则；

图（c）符合（　　　　　　　　　）规则。

3-10　计算图示体系的自由度，并进行几何组成分析。

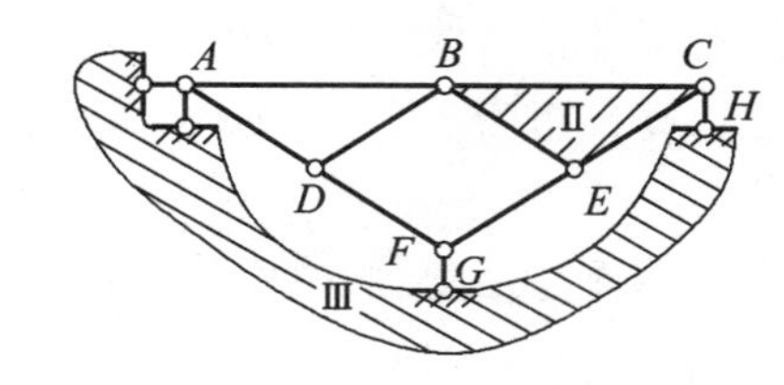

$W=$

选用三刚片法则进行分析，现选取大地为刚片Ⅲ、BCE 三角形为刚片Ⅱ，则刚片Ⅰ为（　　　），刚片Ⅰ和Ⅱ用（　　　）相连，刚片Ⅰ和Ⅲ用（　　　）相连，刚片Ⅱ和Ⅲ用（　　　）相连。该体系为（　　　）体系。

3-11　计算图示体系的自由度，并进行几何组成分析

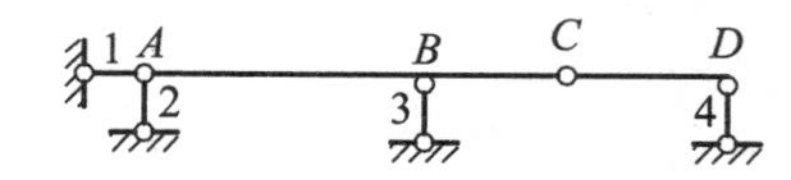

先去除（　　　）和（　　　）构成的二元体；再取大地为刚片Ⅱ，则刚片Ⅰ为(　　　)，刚片Ⅰ和Ⅱ用链杆(　　　)相连，符合(　　　)规则。所以，该体系为（　　　）体系。

3-12　计算图示体系的自由度，并进行几何组成分析。

（a）

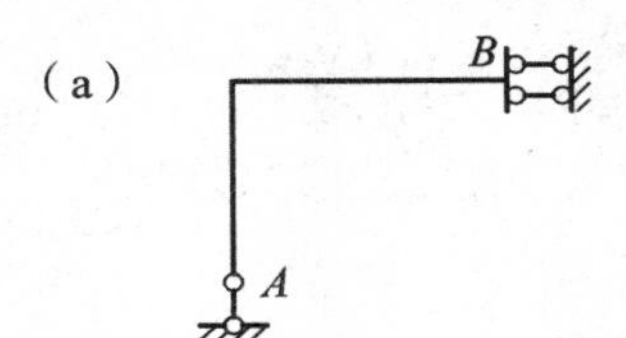

（b）

A　B　C　D

（c）

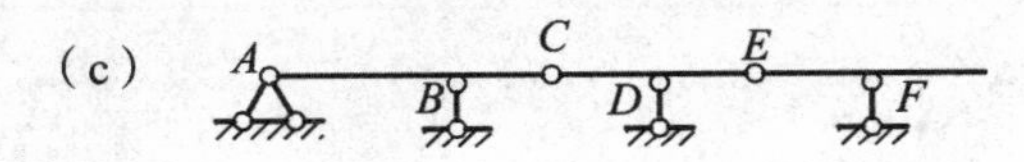

（d）

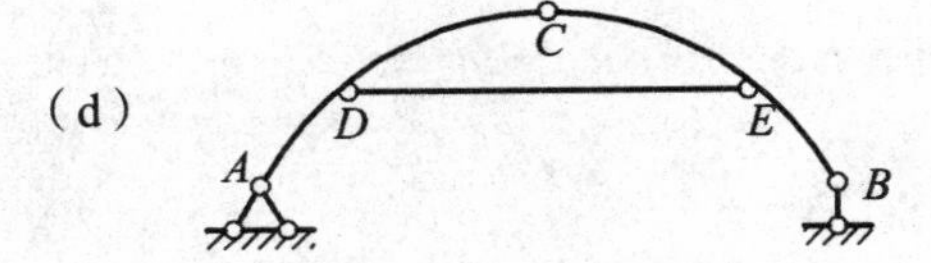

(e)

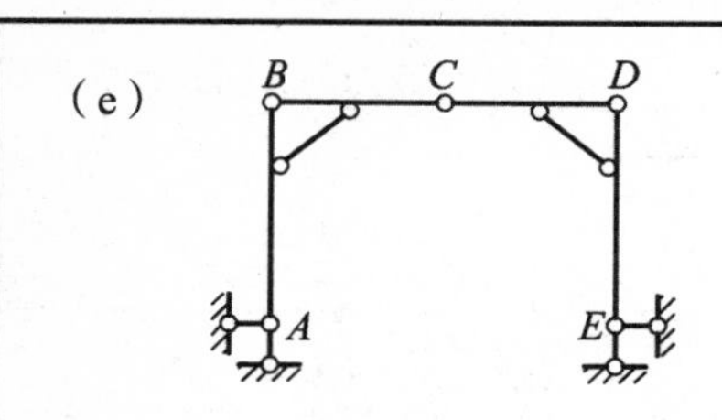

(f)

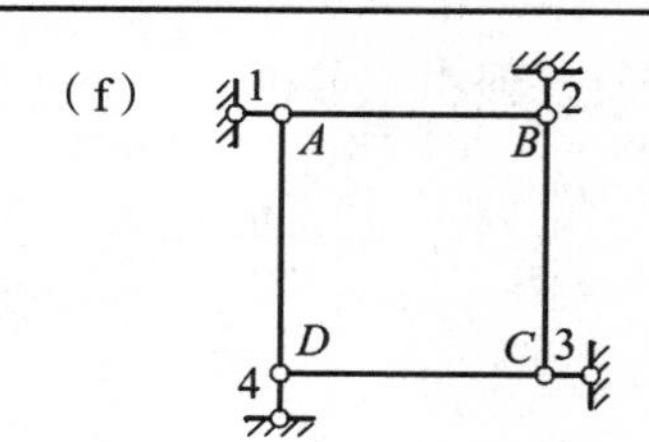

3-13 试对以下图示体系进行几何组成分析。

（a）

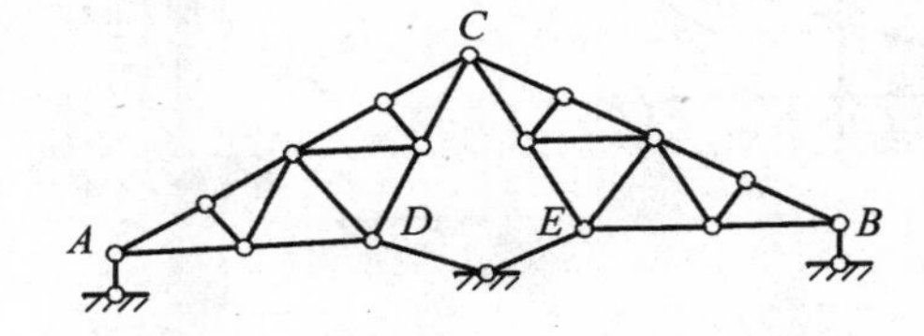

（b）

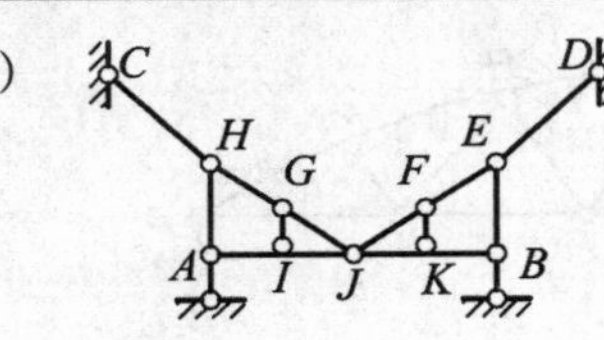

(c)

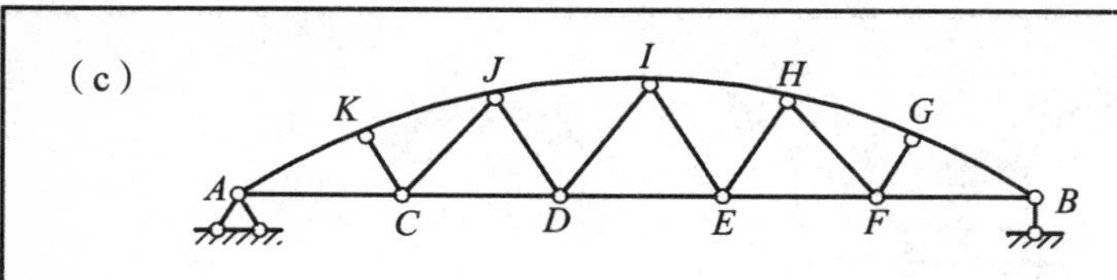

(d)

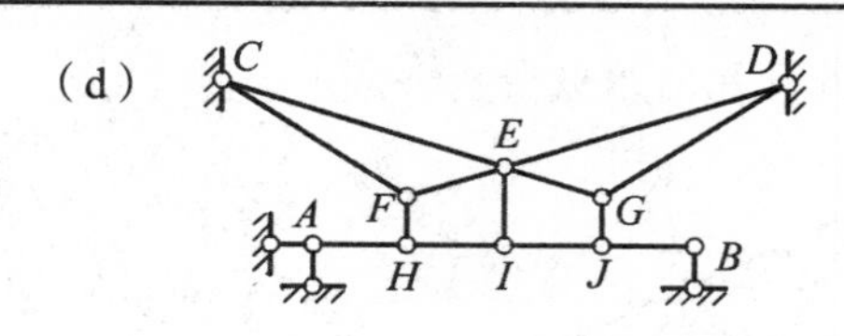

3-14　试校核以下图示体系是否为瞬变体系。

（a）

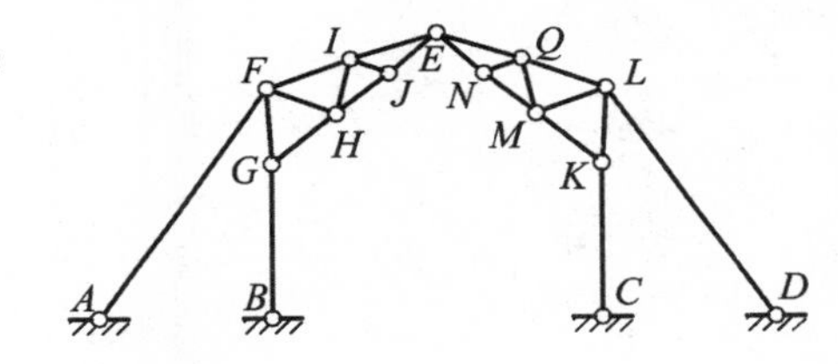

（b）

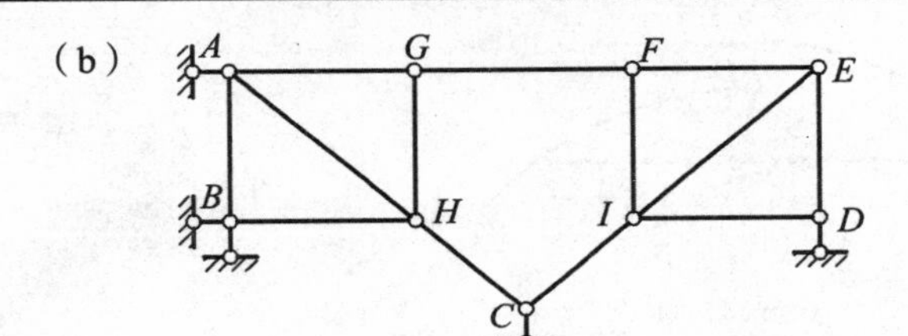

（c）

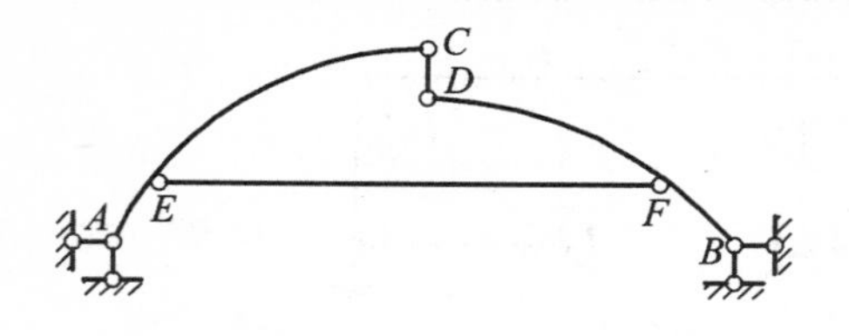

（d）

3-15　判断图示结构的平衡问题是静定的还是超静定的。

（a）

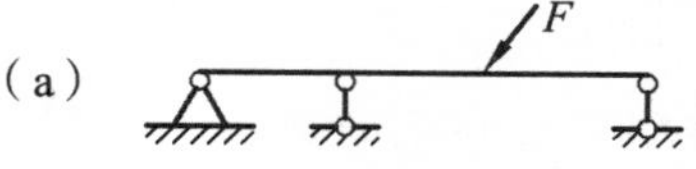

（b）

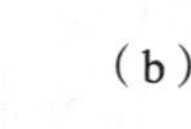

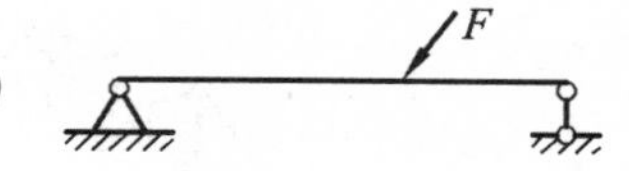

（c）

（d）

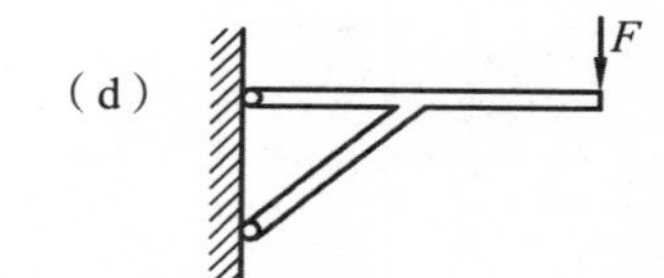

（e）

（f）

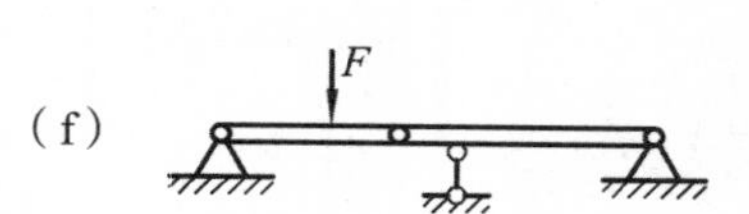

4-1　内力是由________引起的，它随着________的改变而改变。求内力的基本方法是________。

4-2　轴向拉（压）杆件横截面上内力的作用线与________________重合，故称轴向拉（压）杆件横截面上的内力为________。符号规定是：轴力________截面为正，______截面为负。

4-3　轴力图是表示杆件的________与________________之间函数关系的图形。

4-4　应力是________________的集度，它表示____________在截面上某一点处作用的强弱，其基本单位是________。

4-5　垂直于截面的应力分量称为___________，与截面相切的应力分量称为____________。

4-6　杆件轴向拉（压）时，横截面上的正应力是__________分布的，其大小为___________。

4-7 应变是指构件变形尺寸与_______________之比值。

4-8　对于工程材料，下列说法不正确的是（　　）

A. 低碳钢的抗拉伸能力等于抗压缩能力。

B. 铸铁的抗拉伸能力大于抗压缩能力。

C. 工程中将延伸率 $\delta \geqslant 5\%$ 的材料称为塑性材料。

D. 低碳钢是典型的塑性材料，铸铁是典型的脆性材料。

4-9　低碳钢试样拉伸时，在初始阶段应力和应变成_____关系，变形是________的。（填“正比”“反比”“弹性”“塑性”）

4-10　低碳钢试样拉伸时，应力-应变曲线的最高点对应的应力值称为____________。

4-11　工程上一般将延伸率大于 5% 的材料称为________材料，小于 5% 的称为________材料。低碳钢是典型的___________，铸铁是典型的__________。

4-12　塑性材料的极限应力等于其_____________，脆性材料的极限应力等于其______________。

4-13　下列说法正确的有____________。

A. 轴向拉（压）杆件某一横截面上的正应力是均匀分布的

B. 轴向拉（压）杆件某一斜截面上的应力是均匀分布的

C. 轴向拉（压）杆件横截面上的正应力和斜截面上的应力是相等的

D. 轴向拉（压）杆件横截面上的正应力和斜截面上的正应力是相等的

4-14　下列说法正确的有_________。

A. 塑性材料的抗拉能力大于抗压能力

B. 塑性材料的抗拉能力等于抗压能力

C. 脆性材料的抗拉能力等于抗压能力

D. 脆性材料的抗拉能力小于抗压能力

4-15　判断下列各杆 BC 段内的变形是否属于轴向拉伸（压缩）。

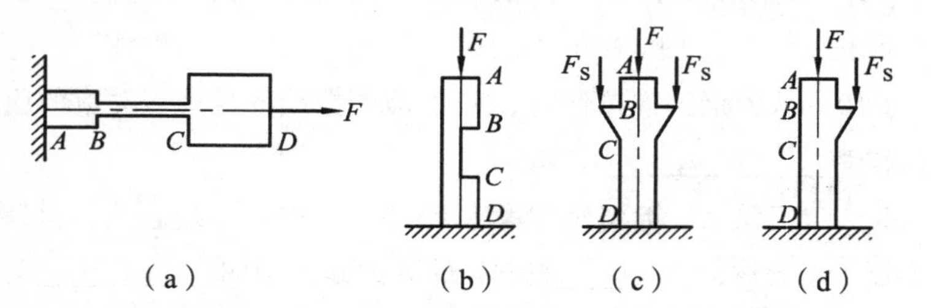

4-16　以下作杆件轴力图的计算过程是否正确；如不正确，请改正。

解：（1）按集中力作用点将杆件分为 AB 、BC 两段。

（2）求各段轴力：

① AB 段：

• 截：任取截面Ⅰ将杆件截开；

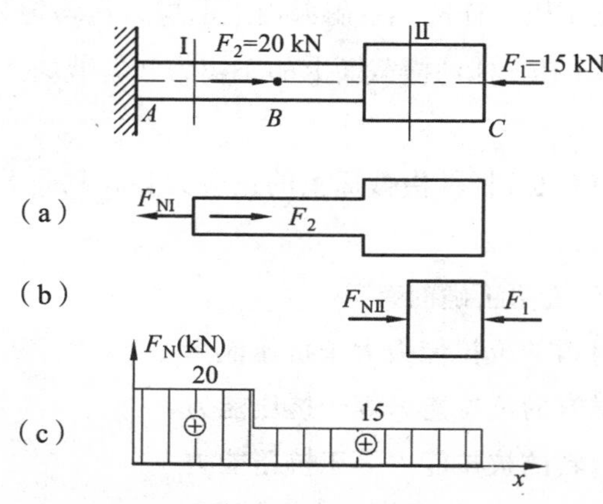

• 取：取截面Ⅰ右侧部分为研究对象；

• 画：画受力图如图（a）所示；

• 平衡：$\sum F_x = 0$，$-F_{N\,I} + F_2 = 0$

解得 $F_{N\,I} = F_2 = 20\ \text{kN}$

② BC 段：

• 截：任取截面Ⅱ将杆件截开；

• 取：取截面Ⅱ右侧部分为研究对象；

• 画：画受力图，如图（b）所示；

• 平衡：$\sum F_x = 0$，$F_{N\,II} - F_1 = 0$

解得 $F_{N\,II} = F_1 = 15\ \text{kN}$

（3）作轴力图，如图（c）所示。

4-17　求图示各杆指定截面上的轴力，并作轴力图。

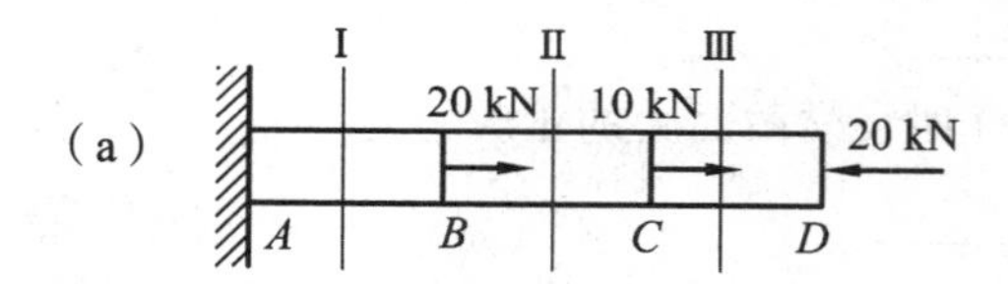

（b）

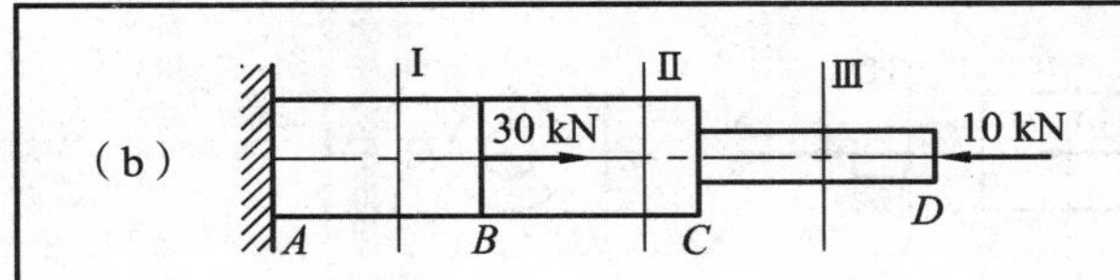

（c）

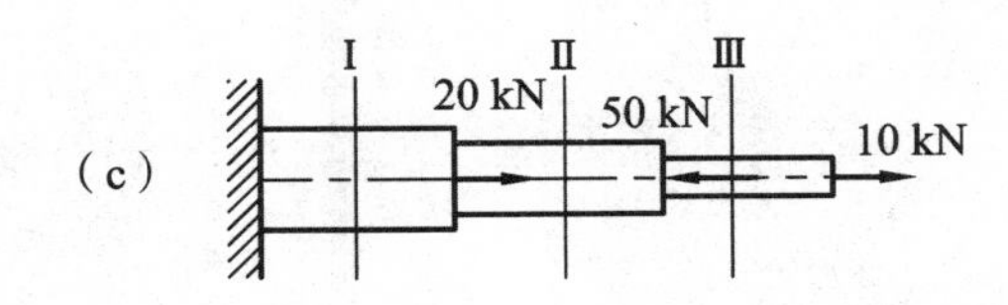

4-18　图示杆件横截面为 A，材料密度为 ρ，在考虑杆件自重的情况下，画出杆件的轴力图。

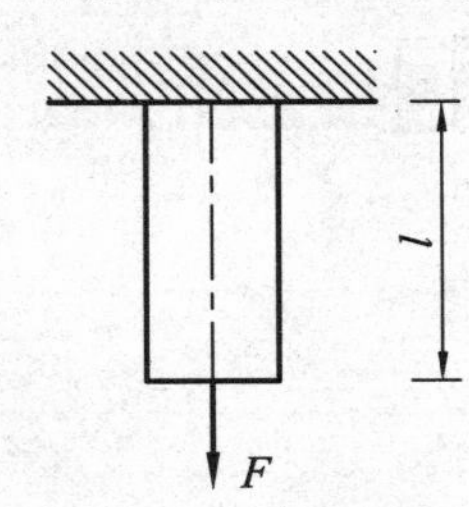

4-19　求图示各杆指定横截面上的正应力。

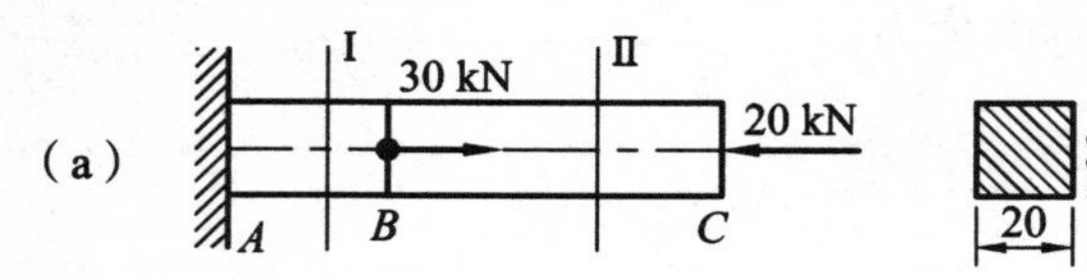

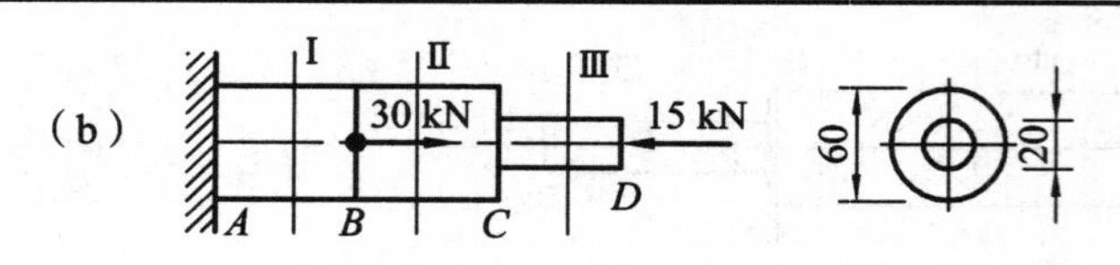

4-20　圆杆上有槽，如图所示。已知 $F = 5$ kN，圆杆的直径 $d = 20$ mm，求截面 I 和截面 II 上的正应力。（不考虑应力集中）

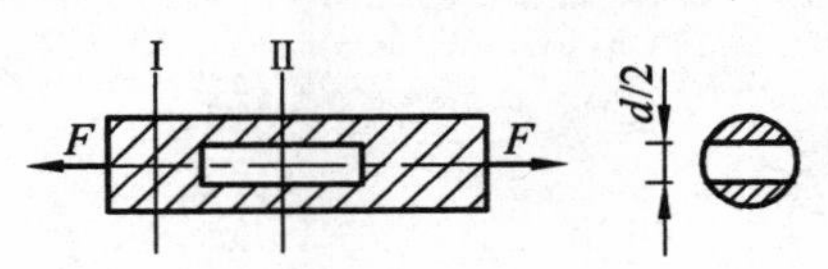

4-21　如图所示，重 $F = 50$ kN 的物体挂在支架 ABC 的 B 点。若 AC 杆的横截面面积为 300 mm^2，BC 杆的横截面面积为 500 mm^2，求两杆横截面上的正应力。

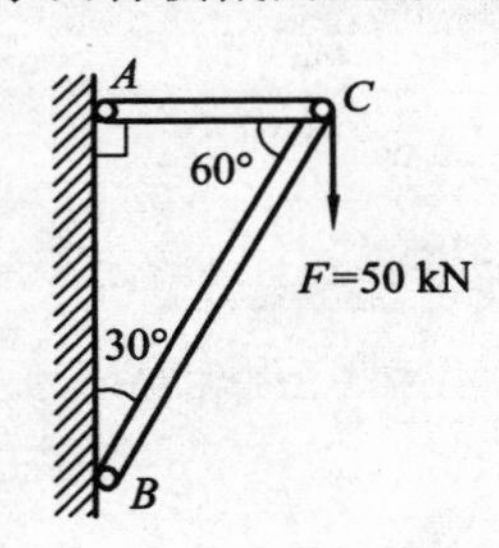

4-22　图示阶梯形钢杆，各段横截面面积分别为 $A_1 = A_3 = 300\ \text{mm}^2$，$A_2 = 200\ \text{mm}^2$，材料弹性模量 $E = 200\ \text{GPa}$。求该杆各段的变形和最右端截面的位移。

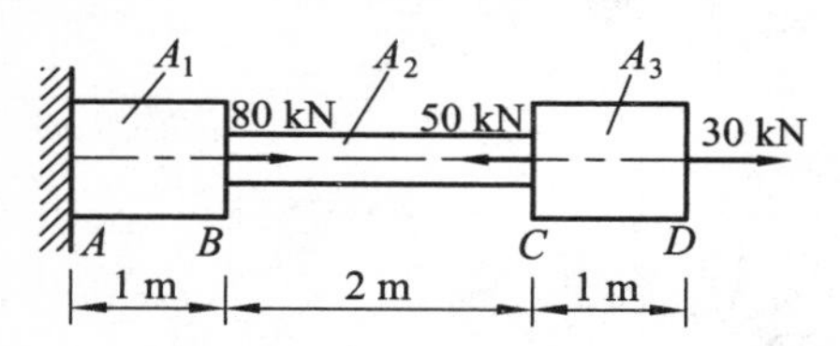

4-23　如图所示，直角三角形钢板厚度均匀，用等长的钢丝 AB 和 CD 悬挂在水平天花板上。欲使钢板悬挂后长直角边水平，求钢丝 AB 和 CD 的直径之比。

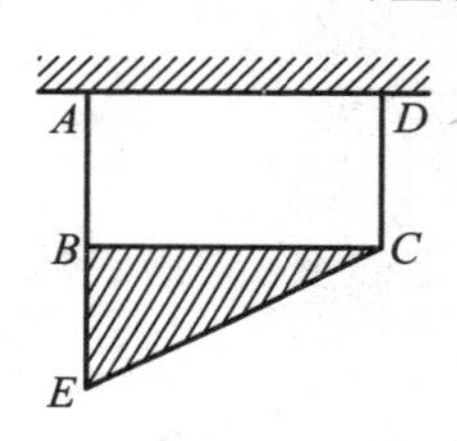

4-24　一阶梯形钢杆如图所示，AC 段的横截面面积为 500 mm²，CD 段的横截面面积为 200 mm²，已知该杆材料的许用应力 $[\sigma]=120$ MPa，试校核该杆的强度。

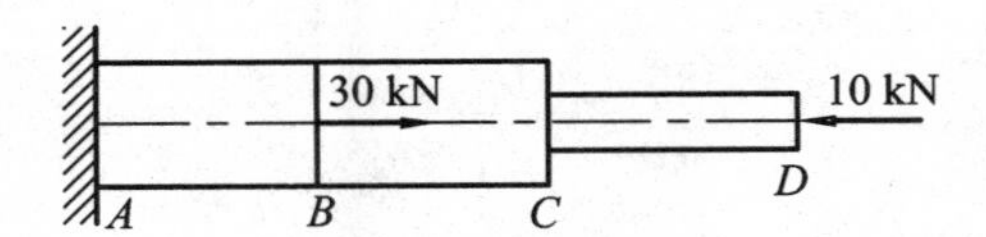

4-25　钢杆两端承受拉力 400 kN，$[\sigma]=160$ MPa，横截面分别为以下形状，试选择截面尺寸或型钢型号。

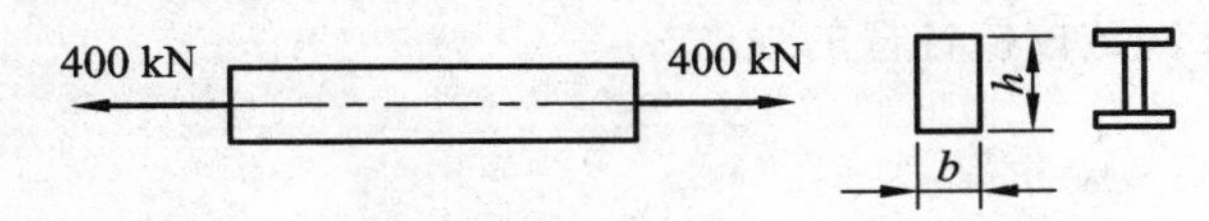

（1）拉杆截面为矩形，其边长之比 $h:b=3:2$，确定 h 和 b 的值；

（2）拉杆是一根工字钢，选择工字钢的型号。

　　班级________姓名________学号________

4-26　如图所示，杆 AC 由两根 No.12.6 型槽钢组成，其许用应力 $[\sigma]=160$ MPa；杆 BC 由一根 No.20a 型工字钢组成，其许用应力 $[\sigma]=100$ MPa。试校核各杆的强度。

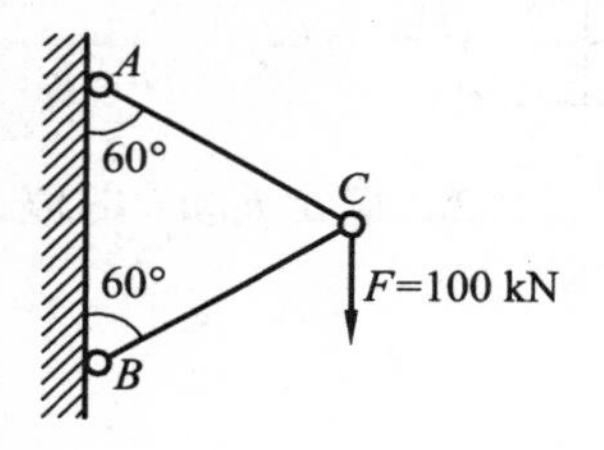

4-27　图所示一高为 10 m 的石砌桥墩，其横截面的两端为半圆形。已知轴向压力 $F=7\ 000$ kN，石料的重力密度 $\rho=23\ \mathrm{kN/m^3}$，许用应力 $[\sigma]=1$ MPa。试校核该桥墩的强度。

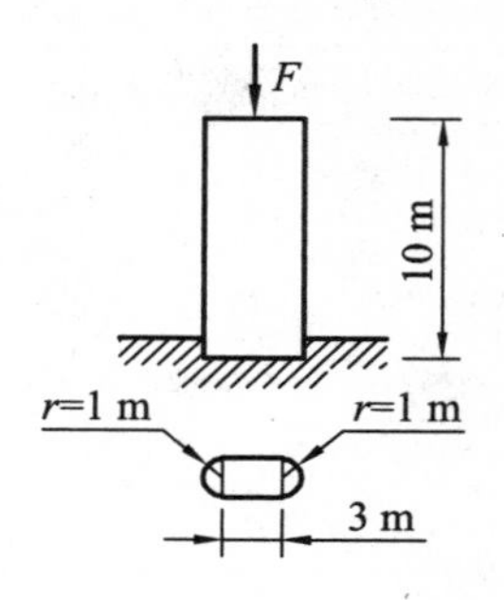

5-1　构件中只有一个剪切面的剪切称为__________；构件中有两个剪切面的剪切称为__________。

5-2　挤压面是两构件的接触面，其方位是__________于挤压力的。

5-3　当切应力不超过材料的__________时，切应力与__________成正比，这就是剪切胡克定律。

5-4　下列说法正确的有__________。

A. 构件在剪切时，常伴有挤压现象

B. 剪切面与挤压面一定都是平面

C. 切应力和挤压应力分别在剪切面和挤压面上均匀分布

D. 在构件受剪部位中某点附近取一微小正六面体，其中有四个面上的切应力大小都是相等的

5-5　标出图中构件的剪切面和挤压面，并算出受剪面积和挤压面积。

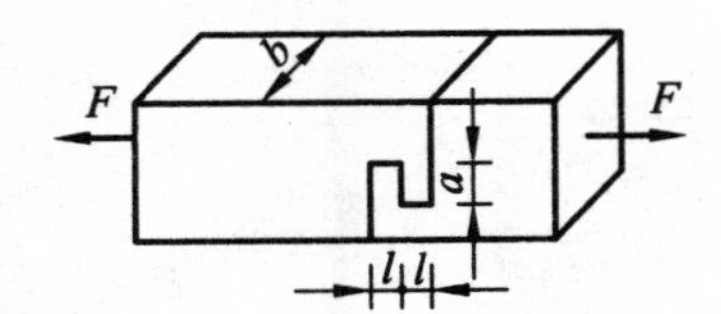

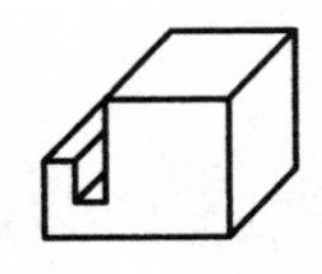

5-6　设两块钢板用一颗铆钉连接。铆钉的直径 $d = 24$ mm，每块钢板的厚度 $t = 12$ mm，拉力 $F = 40$ kN。铆钉的许用切应力 $[\tau] = 100$ MPa，许用挤压应力 $[\sigma_c] = 250$ MPa，试对铆钉进行强度校核。

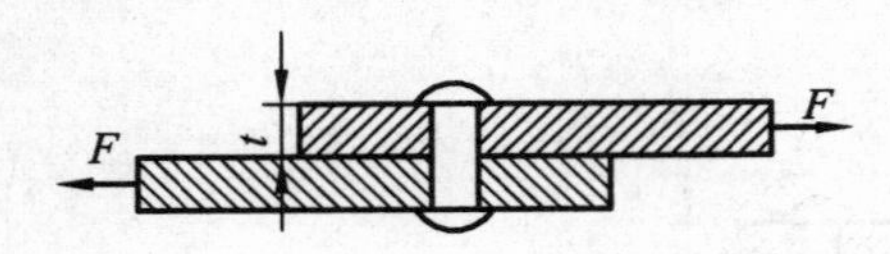

5-7　如图所示，两块厚度 $t=6$ mm 的钢板用若干个相同的铆钉连接，铆钉的直径 $d=12$ mm 。若 $F=50$ kN ，铆钉材料的许用切应力 $[\tau]=100$ MPa ，许用挤压应力 $[\sigma_c]=280$ MPa ，求所需铆钉的个数。

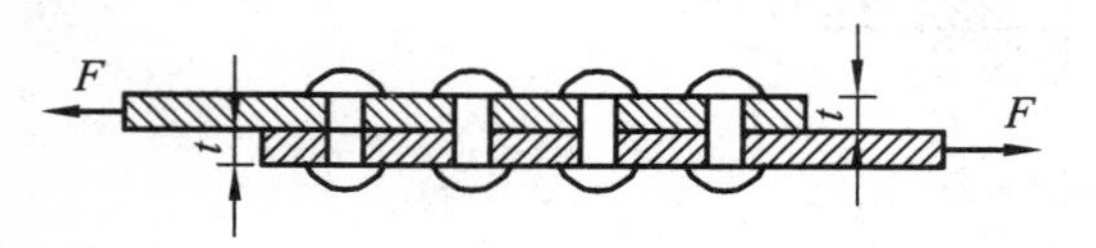

5-8　图示铆接件中，主板厚 $t=19$ mm ，盖板厚 $t_1=10$ mm ，铆钉直径 $d=22$ mm ，板宽 $b=230$ mm ，铆钉与板材所用材料相同，许用切应力 $[\tau]=140$ MPa ，许用挤压应力 $[\sigma_c]=300$ MPa ，许用应力 $[\sigma]=160$ MPa ，拉力 $F=500$ kN 。试校核该铆接件的强度。

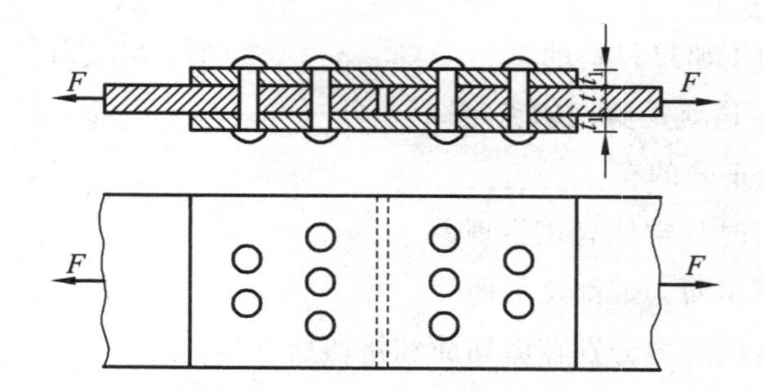

5-9　圆轴扭转时，横截面上的内力称为＿＿＿＿＿，圆轴的变形量用＿＿＿＿＿表示。

5-10　圆轴扭转时，由于相邻横截面的间距不变，故横截面上没有＿＿＿＿＿应力，只有＿＿＿＿＿应力。

5-11　圆轴扭转时强度条件为＿＿＿＿＿＿＿＿，刚度条件为＿＿＿＿＿＿＿＿＿＿。

5-12　下列说法正确的有＿＿＿＿＿。

A. 圆轴扭转时，求横截面上扭矩的方法仍然是截面法

B. 圆轴扭转时，某横截面上的扭矩与圆轴的直径有关

C. 圆轴扭转时，某横截面上的切应力是均匀分布的

D. 圆轴扭转时，某横截面上的切应力大小是处处相等的

E. 圆轴扭转时，横截面上圆心处切应力最大

F. 圆轴扭转时，横截面上边缘处切应力最大

5-13　作图示各轴的扭矩图。

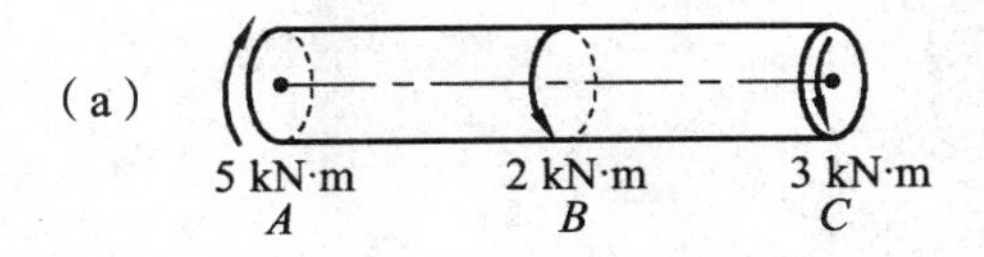

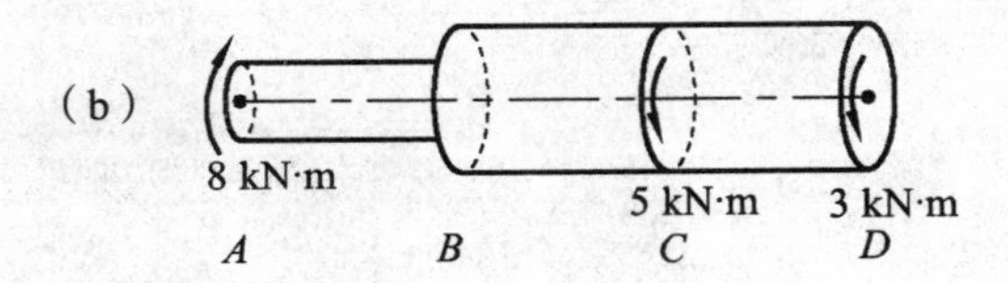

5-14　图示传动轴的转速 $n = 200$ r/min，主动轮 B 输入功率 $P_B = 10$ kW，从动轮 A、C、D 分别输出功率 $P_A = 4$ kW，$P_C = 3.5$ kW，$P_D = 2.5$ kW。画该轴的扭矩图。

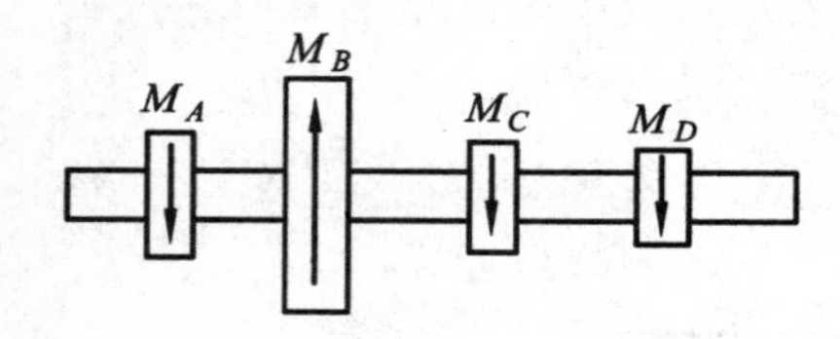

5-15　三个轮的位置分布如图（a）、（b）所示，对轴的受力情况来说，哪一种布置较为合理？为什么？

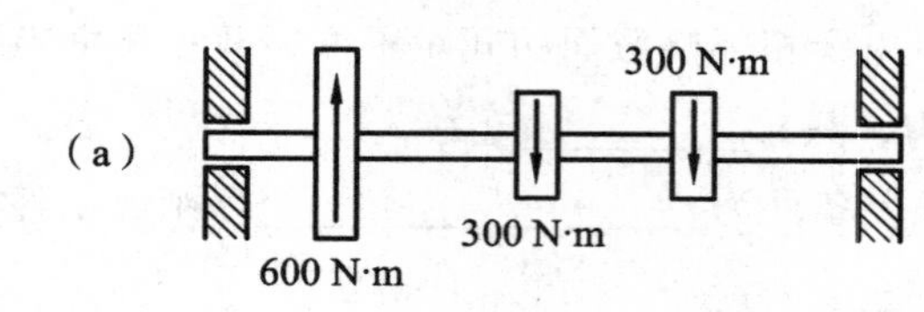

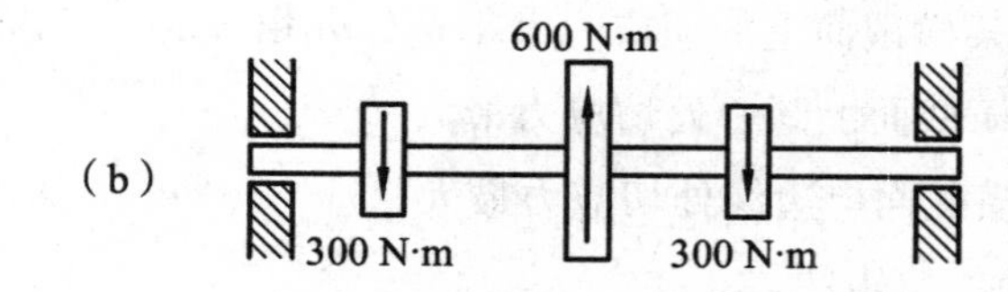

5-16　一圆轴的直径 $d=75$ mm，$G=80$ GPa，各段长度及受力如图所示。求最大切应力和 C 截面的角位移。

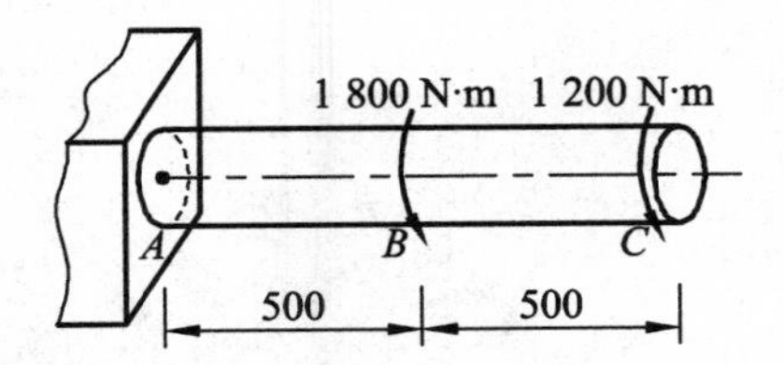

5-17　图示传动轴的直径 $d=75$ mm，转速 $n=120$ r/min，主动轮 B 输入功率 $P_B=30$ kW，从动轮 A、C 的输出功率分别为 $P_A=12$ kW，$P_C=18$ kW。

（1）作轴的扭矩图。

（2）求各段内的最大切应力。

（3）若 $[\tau]=40$ MPa，$G=80$ GPa，许用单位扭转角 $[\theta]=1\,(°)/\text{m}$，试校核该轴的强度和刚度。

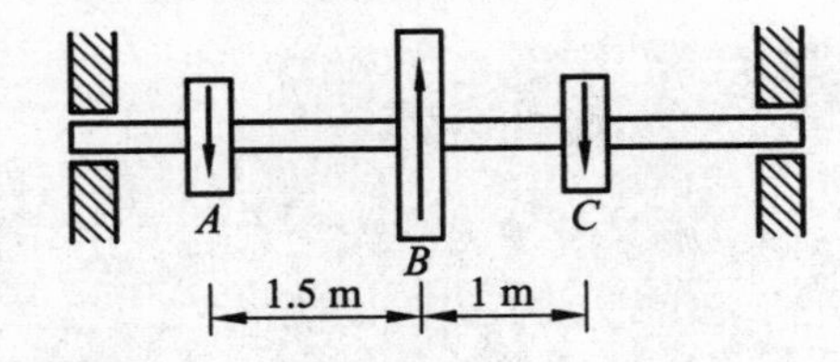

5-18　某空心轴外径 $D=110\ \text{mm}$，内外径之比为 1∶2，$[\tau]=60\ \text{MPa}$，$G=80\ \text{GPa}$，许用单位扭转角 $[\theta]=0.6\ (^\circ)/\text{m}$。若该轴传递功率 $P=60\ \text{kW}$，转速 $n=60\ \text{r/min}$，试校核该杆的强度和刚度。

6-1　求图示各梁中指定截面上的剪力和弯矩，注意分别对比 1—1 与 2—2、3—3 与 4—4 截面的剪力和弯矩值，并找出规律。

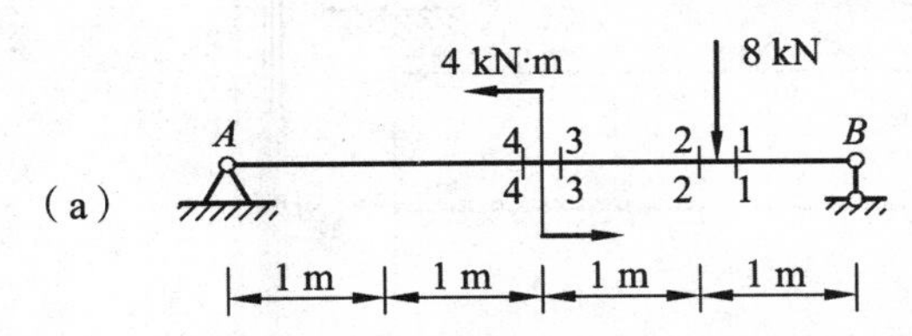

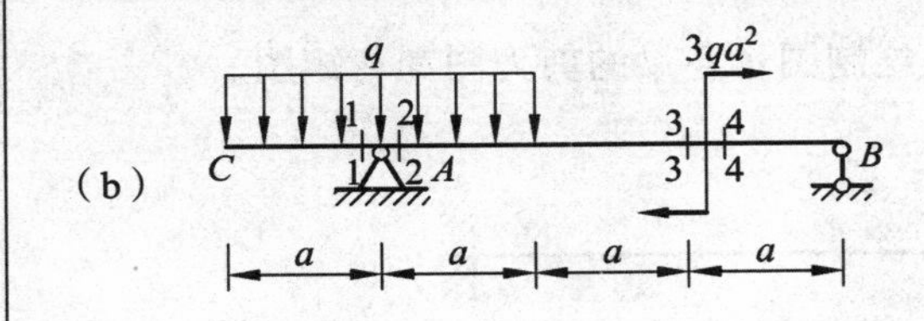

班级________姓名________学号________

6-2 用内力方程法绘制图示各梁的剪力图和弯矩图。

（a）

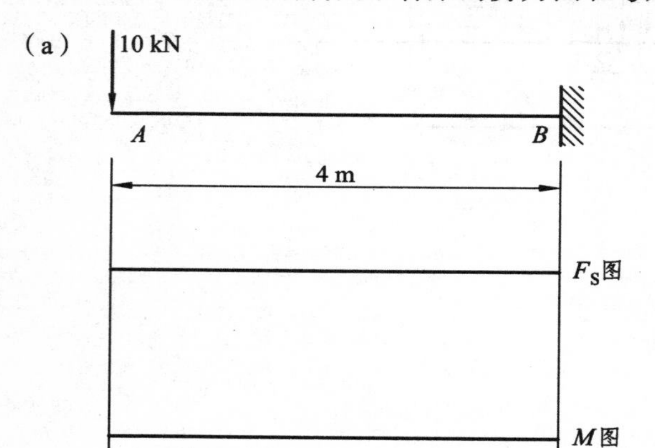

（b）

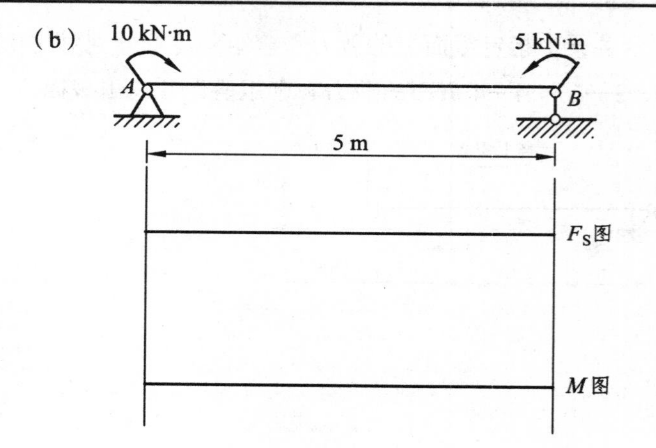

（c）

F　Fa

A　B　C

a　a

F_S图

M图

6-3　用微分关系法绘制图示各梁的剪力图和弯矩图。（为应力计算做准备）。

（a）

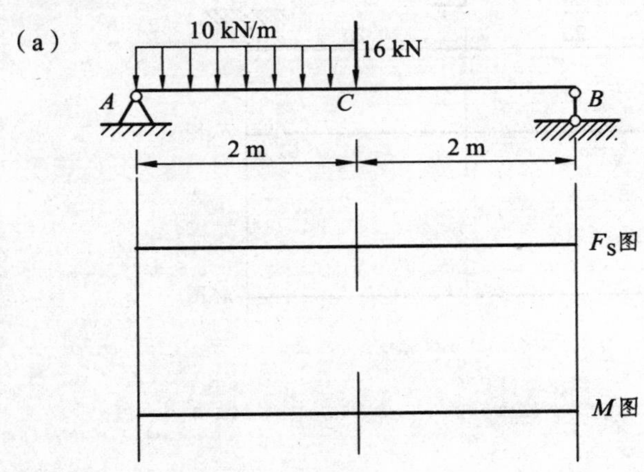

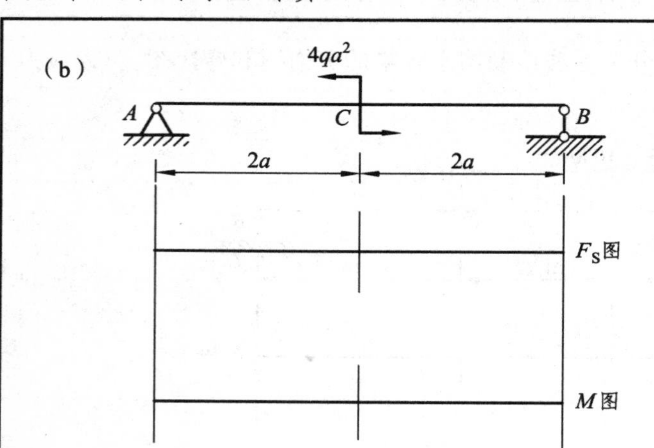
(b)
$4qa^2$
A
C
B
2a
2a
F_S图
M图

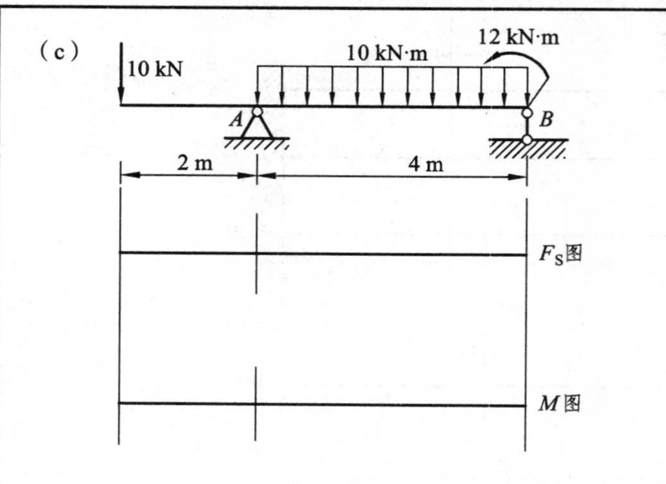
(c)
10 kN
10 kN·m
12 kN·m
A
B
2 m
4 m
F_S图
M图

6-4　用微分关系法绘制图示各梁的剪力图和弯矩图。（为梁的应力及强度计算做准备）

（a）

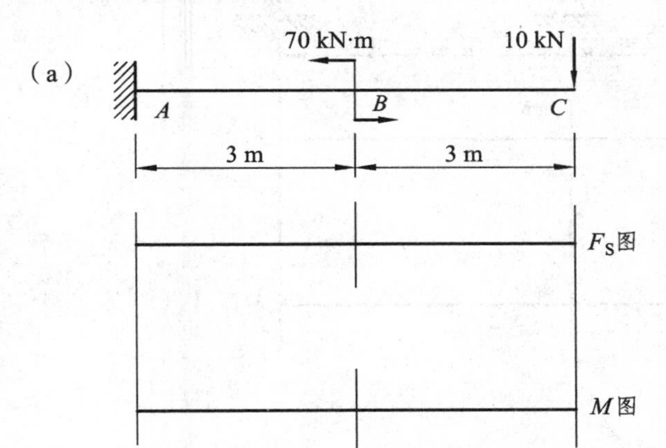

（b）

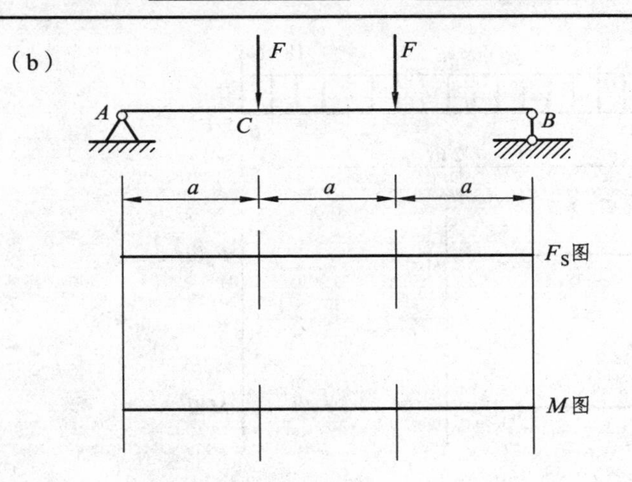

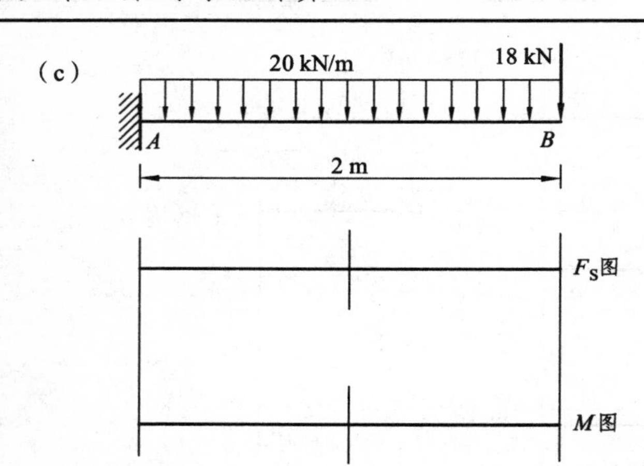
(c)
20 kN/m
18 kN
A
B
2 m
F_S图
M图

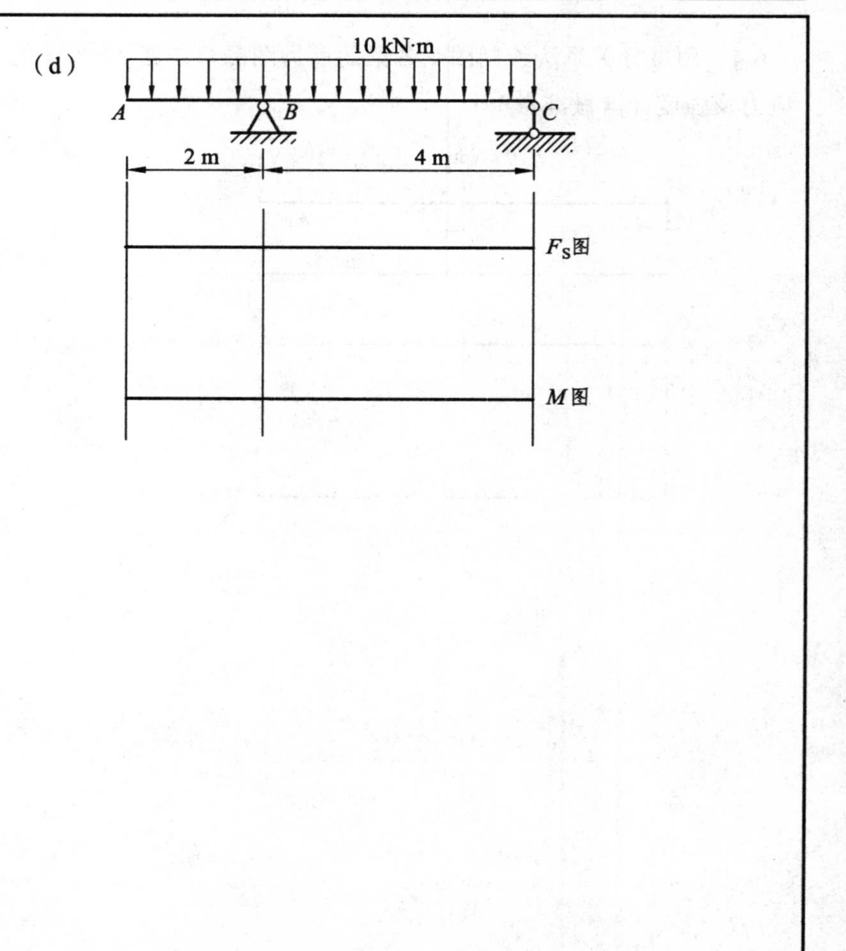
(d)
10 kN·m
A
B
C
2 m
4 m
F_S图
M图

6-5　用微分关系法或区段叠加法绘制图示各梁的弯矩图。(为梁的应力及强度计算做准备)

(a)

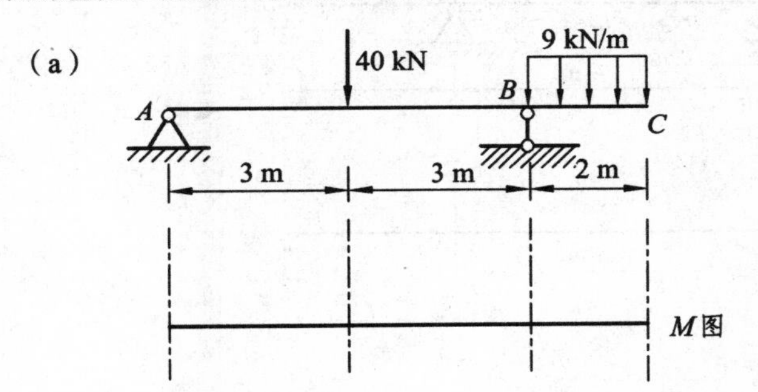

(b)

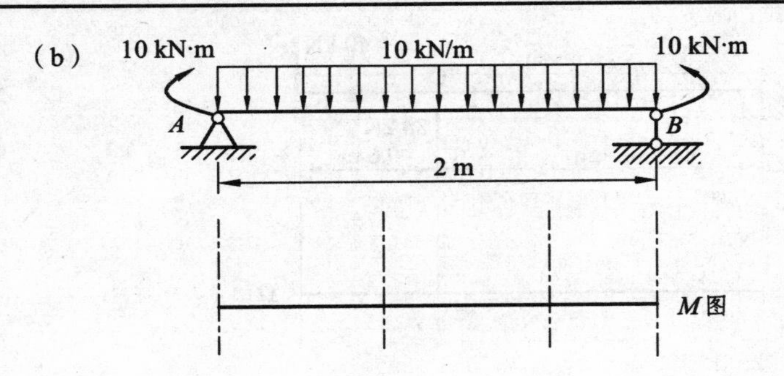

（c）

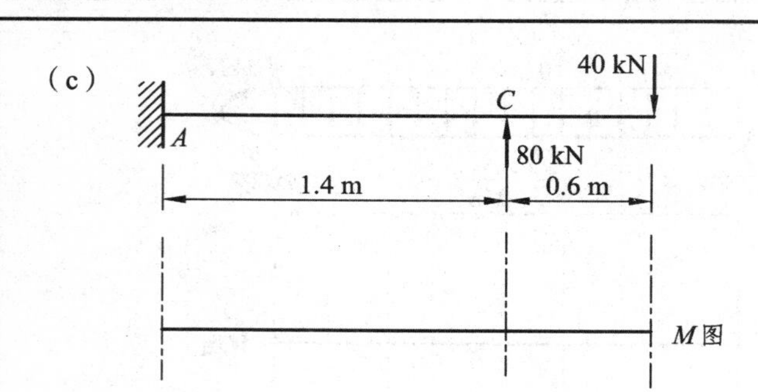

（d）

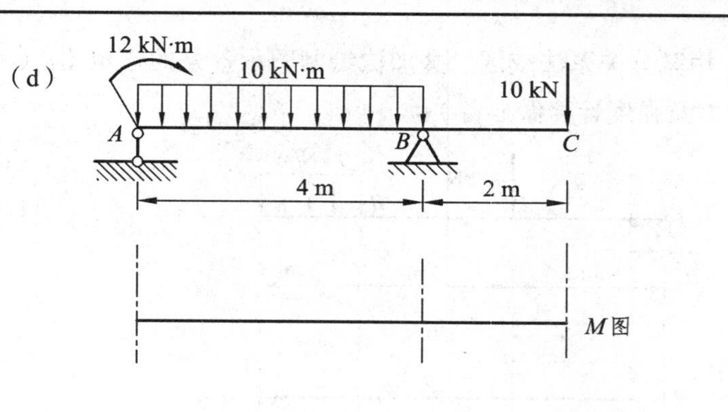

6-6　图示悬臂梁受均布荷载 $q=20\ \text{kN/m}$ 和集中力 $F=18\ \text{kN}$ 作用，计算固定端 A 的右侧截面上 a、b、c、d 四点处的正应力。

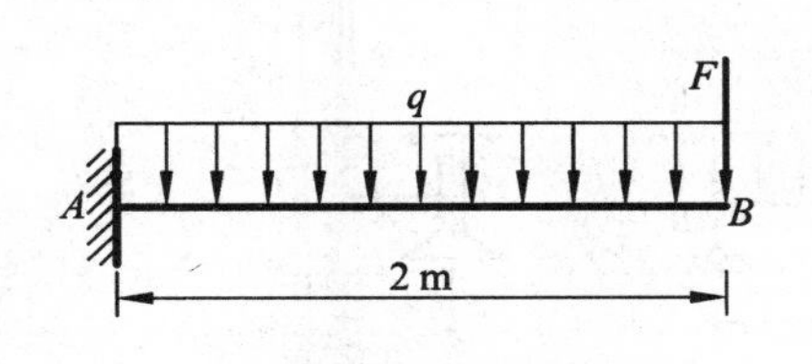

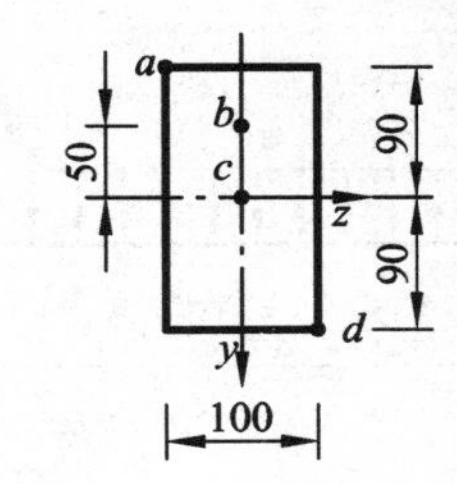

6-7　如图所示外伸梁，已知 $I_z=101.8\times10^6\ \text{mm}^4$。

（1）画出 B 截面的正应力分布规律图；

（2）求全梁的最大拉应力和最大压应力。

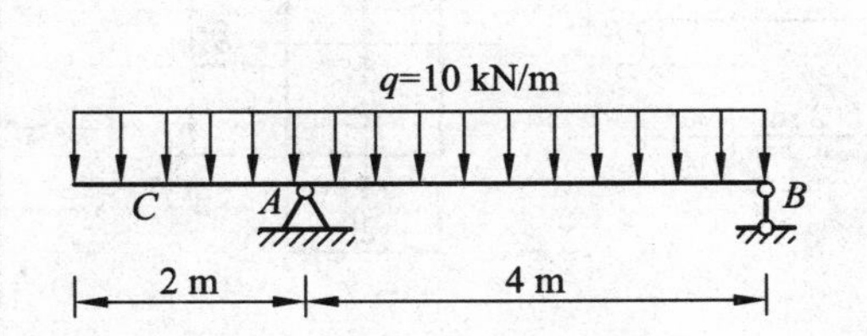

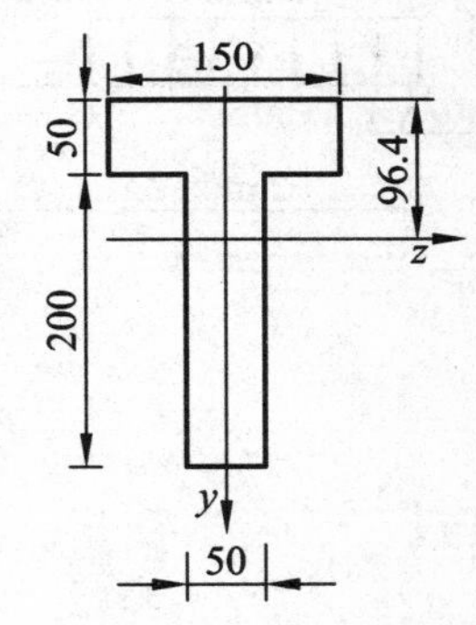

6-8　简支梁受力如图示，求全梁的最大切应力，并绘出横截面上的切应力分布规律图。

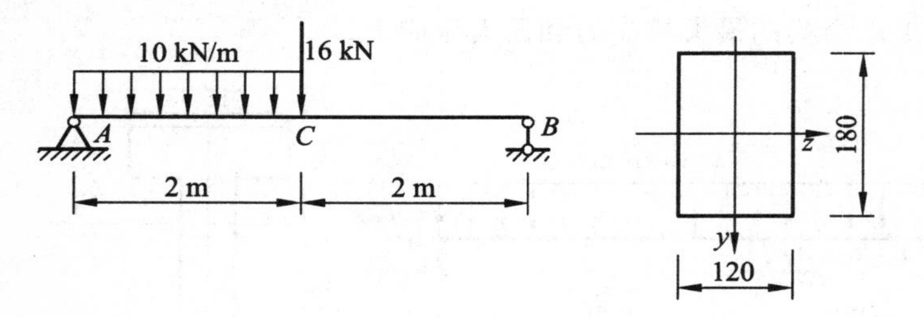

6-9　如图所示简支架用 22b 号工字形钢制成，受满跨均布荷载 q 的作用。已知梁内最大正应力 $\sigma_{max}=120$ MPa，试计算梁的最大切应力。

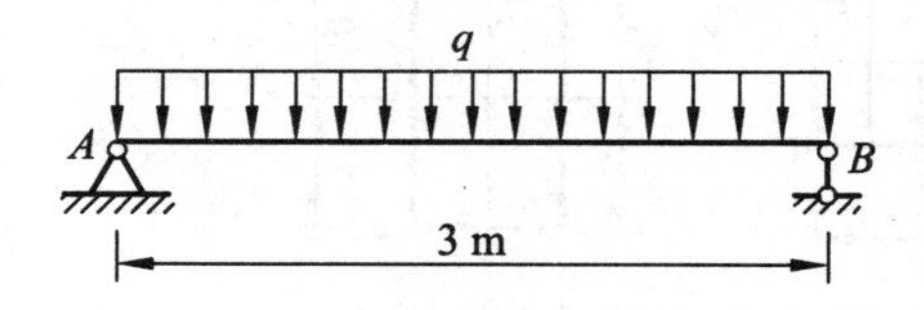

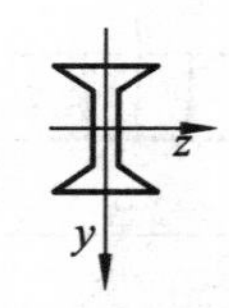

6-10　图示槽形截面悬臂梁，受集中力偶作用，已知材料的 $I_z = 101.8\times10^6\ \text{mm}^4$，许用应力 $[\sigma_t] = 35\ \text{MPa}$，$[\sigma_c] = 120\ \text{MPa}$，试校核梁的正应力强度。

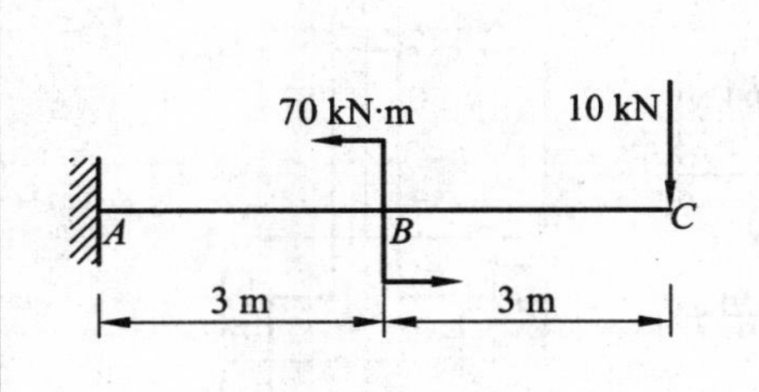

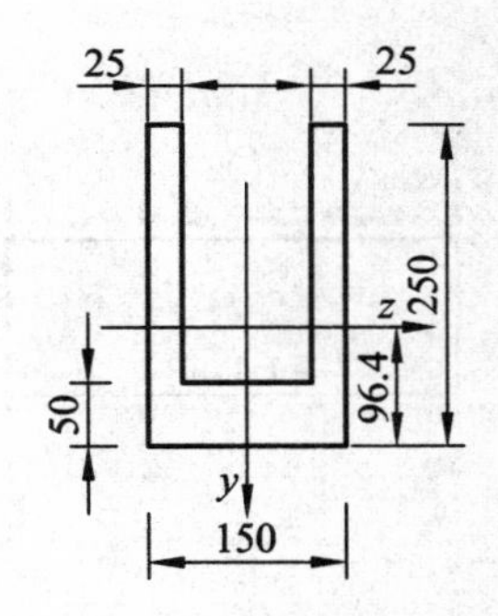

6-11　外伸梁受力作用如图所示，已知材料的许用应力 $[\sigma] = 160\ \text{MPa}$，$[\tau] = 85\ \text{MPa}$，试选择工字钢型号。

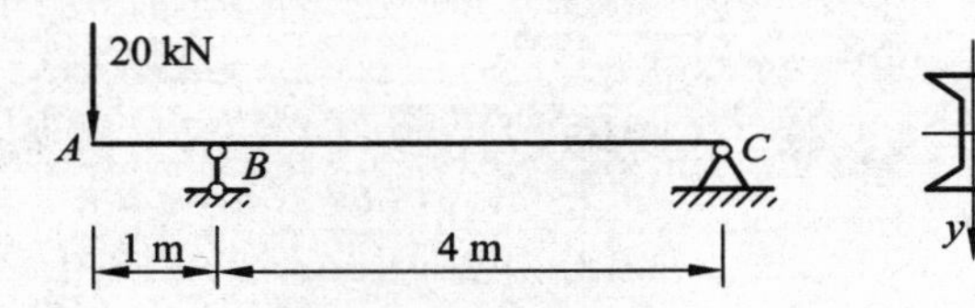

6-12　如图所示受纯弯曲的T形截面梁，已知材料的许用拉、压应力的关系为$[\sigma_c]=4[\sigma_t]$，试从正应力强度的角度考虑b为何值合适。

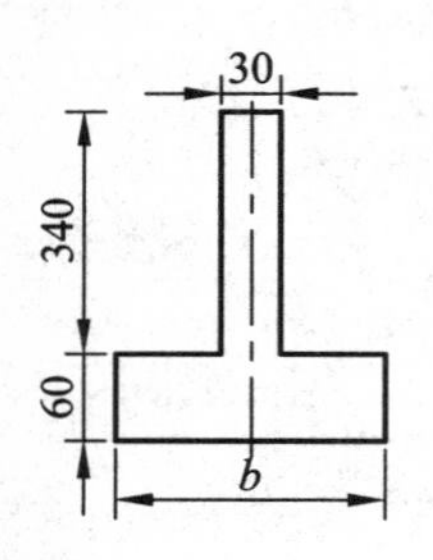

6-13　如图所示T形截面铸铁悬臂梁，已知材料的许用拉应力为$[\sigma_t]=40$ MPa，许用压应力为$[\sigma_c]=80$ MPa，截面对形心轴的惯性矩为$I_z=101.8\times10^6$ mm^4。试校核此梁的强度。

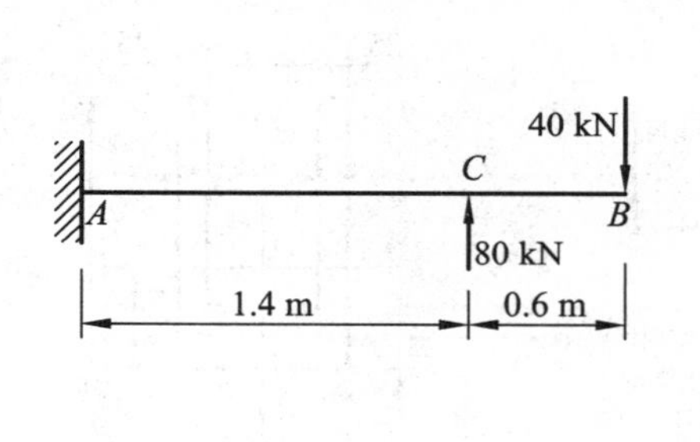

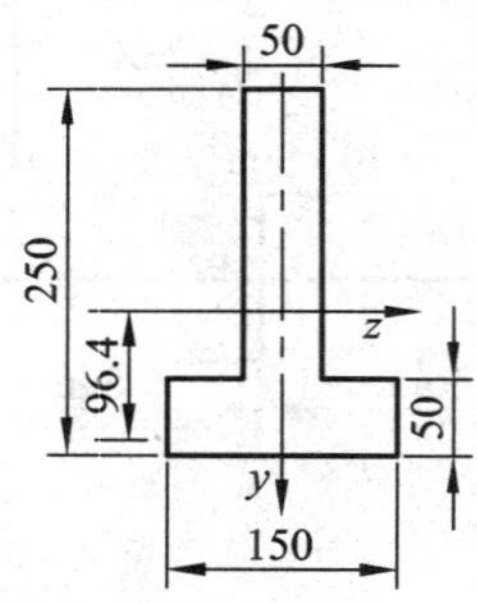

6-14　一悬臂钢梁受力如图所示。钢的许用应力$[\sigma]=170$ MPa，试按正应力强度条件确定下述截面的面积，并比较所耗费的材料：① 圆形截面A_1；② 正方形截面A_2；③ 矩形截面A_3，已知 $h:b=2:1$；④ 工字形截面A_4。

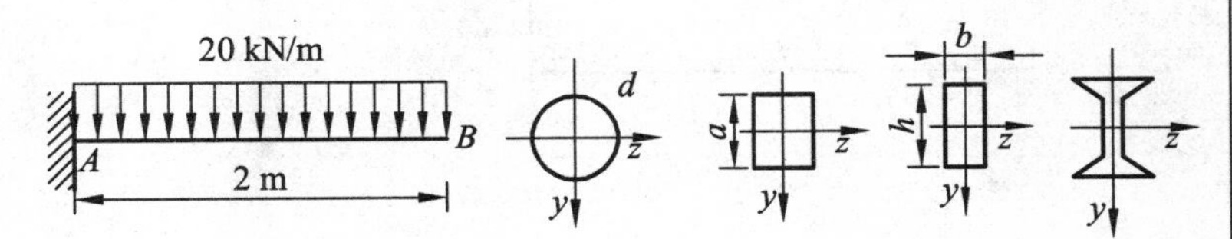

6-15　一矩形截面简支梁由圆柱形木料锯成，受力如图所示。已知木料的许用正应力$[\sigma]=10$ MPa。① 试确定弯曲截面系数为最大时矩形截面的高宽比h/b；② 锯成此梁所需木料的最小直径d。

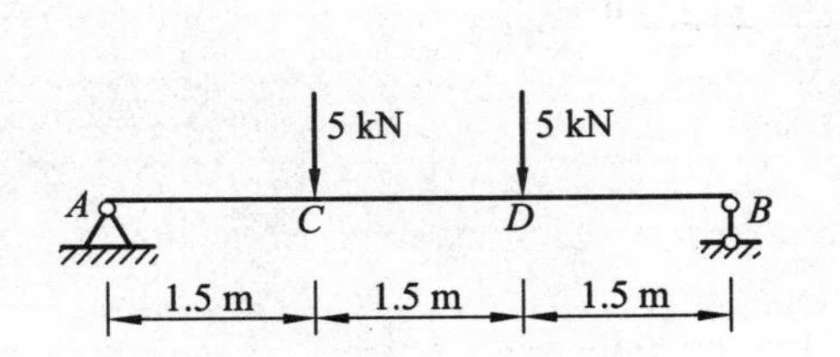

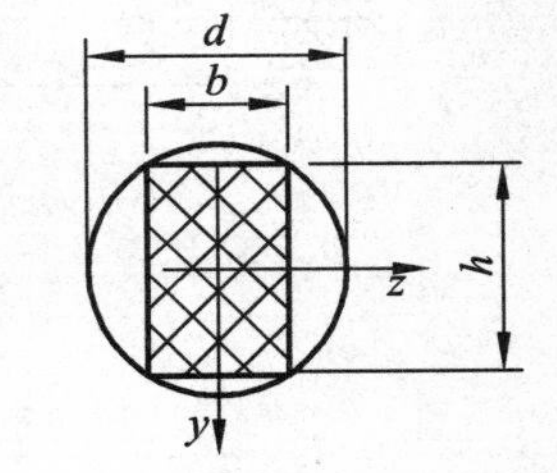

6-16　写出图示各梁的边界条件和连续条件。

（a）

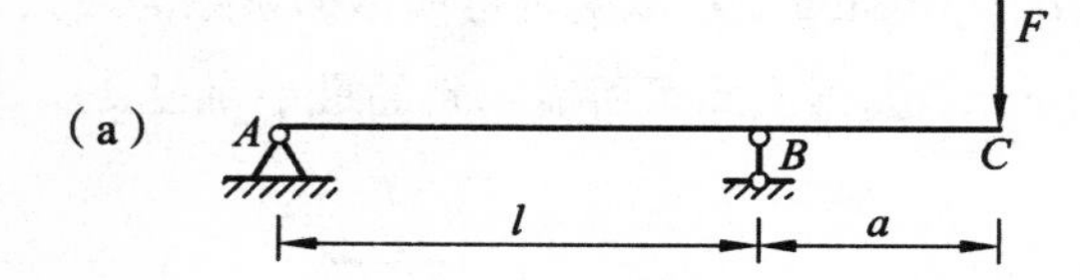

（b）

70 kN·m　　10 kN

A　B　C

3 m　3 m

6-17　用积分法求各梁的转角方程和挠曲线方程。已知 EI 为常数。

（a）

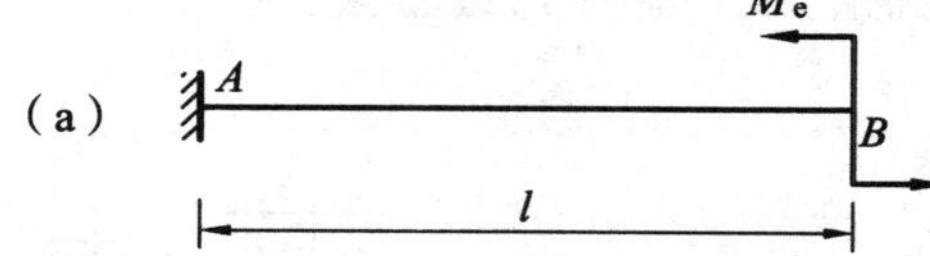

（b）

F　A　B　l

6-18　用叠加法求图示各梁指定截面的挠度和转角。弯曲刚度 EI 为常数。

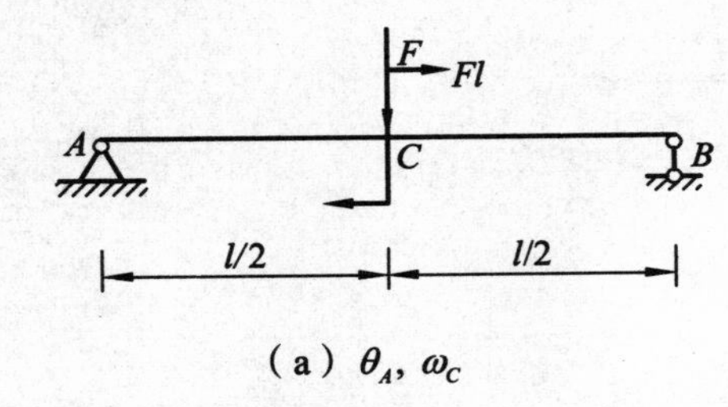

（a）θ_A, ω_C

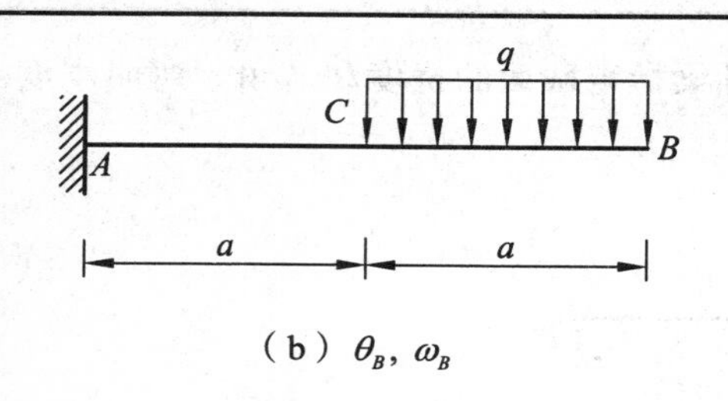

（b）θ_B，ω_B

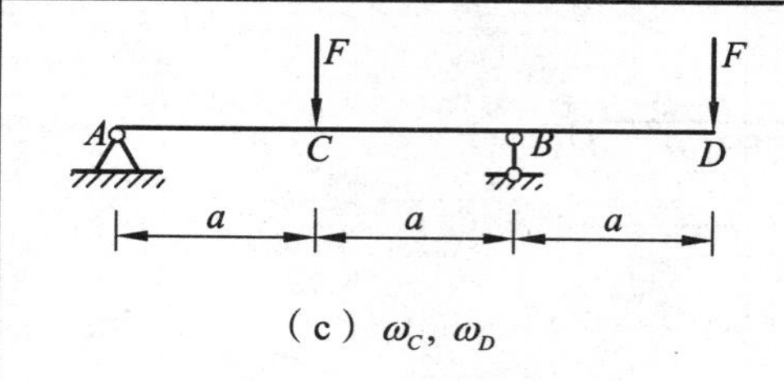

（c）ω_C，ω_D

6-19　图示悬臂梁的弯曲刚度为 $EI = 5\times10^{13}\ \text{N}\cdot\text{mm}^2$，梁的许用挠跨比 $\left[\frac{\omega}{l}\right]=\frac{1}{200}$，试对梁进行刚度校核。

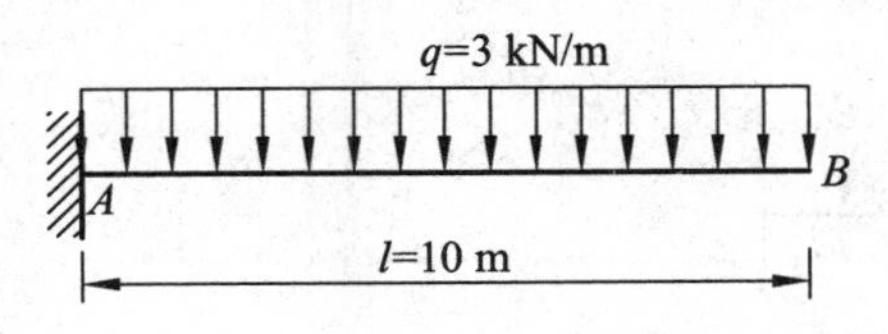

6-20　图所示简支梁场由工字钢制成，材料的许用应力 $[\sigma]=170\ \text{MPa}$，弹性模量 $E=2.1\times10^5\ \text{MPa}$，梁的许用挠跨比 $\left[\frac{\omega}{l}\right]=1/500$。试按正应力强度条件和刚度条件选择工字钢的型号。

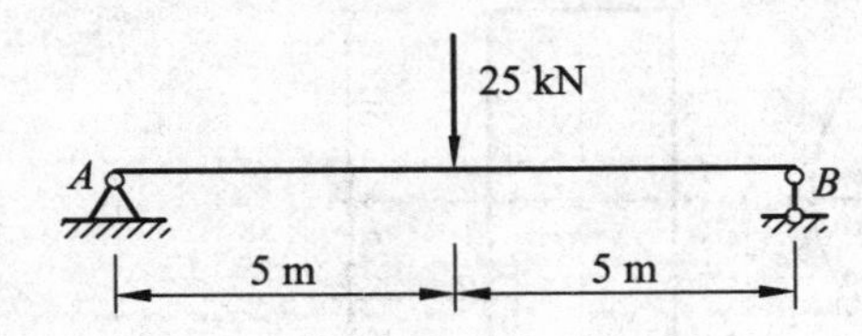

7-1　矩形截面梁某截面上的弯矩 $M=10\ \mathrm{kN\cdot m}$，剪力 $F_S=120\ \mathrm{kN}$，截面尺寸如图所示。① 试绘出截面上 a、b、c、d 各点应力状态的单元体图；② 求解 a、b、c、d 各点处的主应力。

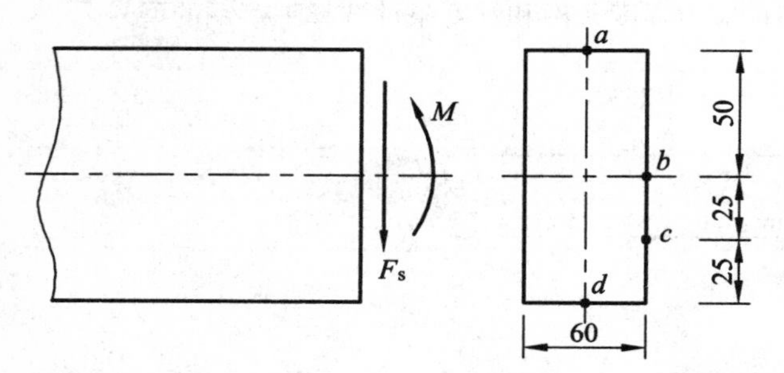

7-2　已知单元体的应力状态如图所示，试用解析法或应力圆法求解指定斜截面上的应力值，并标在单元体上。（单位：MPa）

（a）

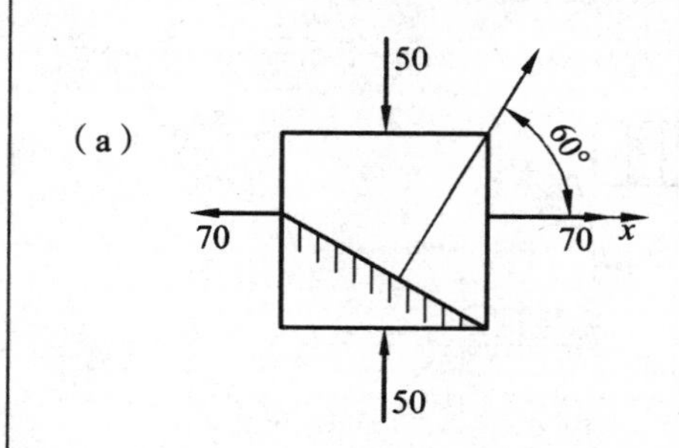

（b）

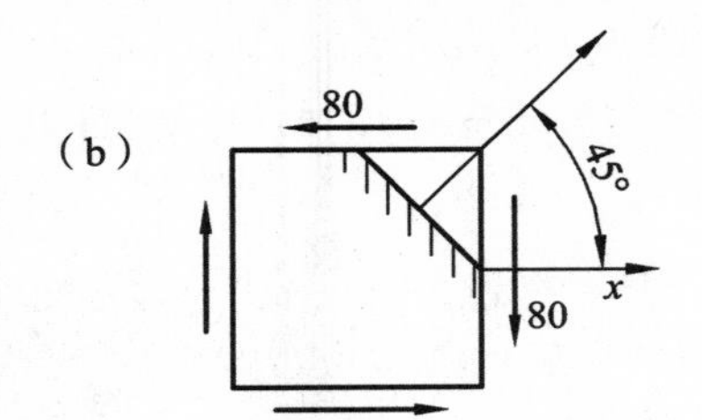

（c）

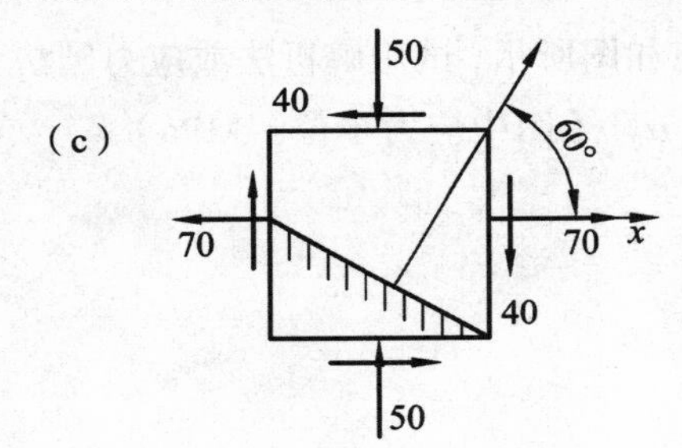

7-3　已知单元体的应力状态如图所示，试用解析法或应力圆法求主应力大小和主平面方位角 α_0。（图中应力单位：MPa）

（a）

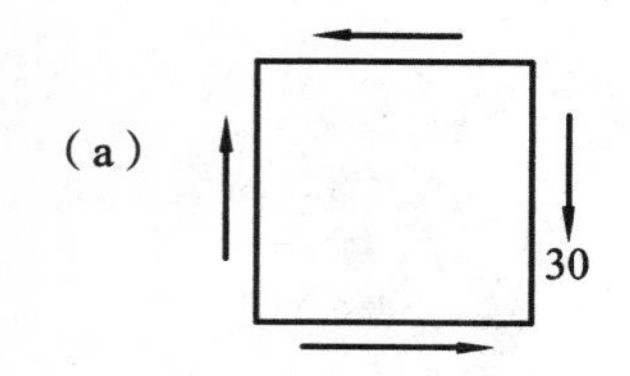

（b）

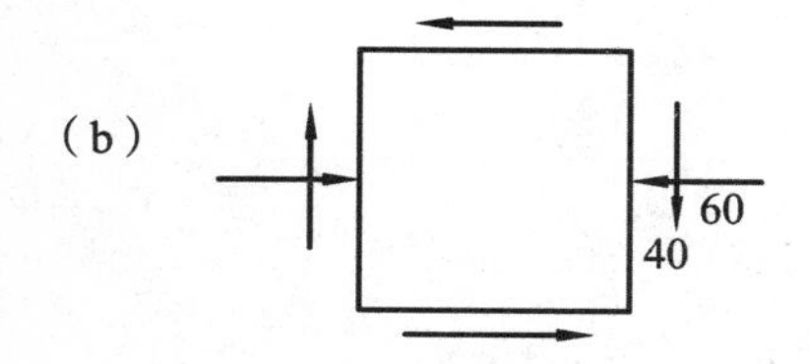

（c）

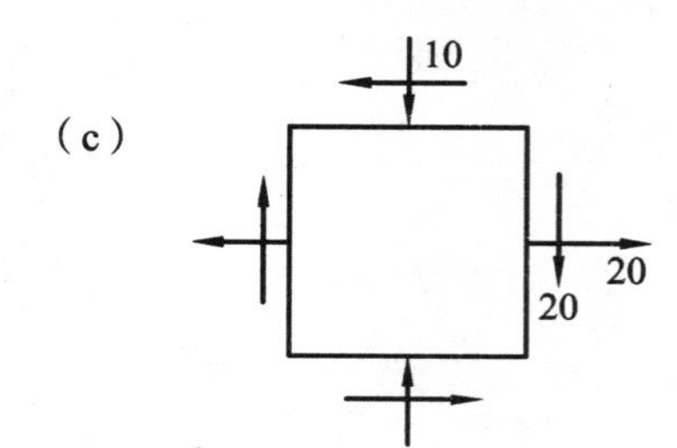

7-4　平面弯曲梁的截面为工字形截面，已知截面上的弯矩 $M = 37.5\ \text{kN}\cdot\text{m}$，剪力 $F_S = 75\ \text{kN}$，截面的惯性矩 $I_z = 65\times10^6\ \text{mm}^4$，翼缘对中性轴的静矩 $S_z^* = 94\times10^4\ \text{mm}^3$，腹板高 $h = 520\ \text{mm}$，宽 $b = 12.5\ \text{mm}$。求腹板和翼缘交界点 a 处的主应力。

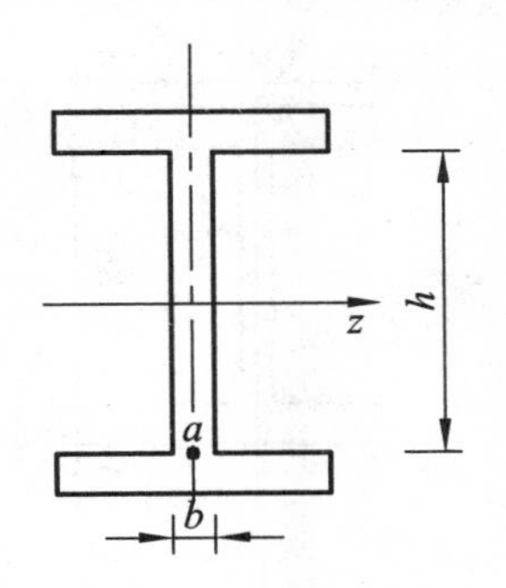

7-5　已知简支梁如图所示，跨长 1 m，跨中点 C 处受大小为 150 kN 的集中力作用。梁由 20b 工字钢制成，求危险截面上腹板与上翼缘交界点处的主应力及其方向。

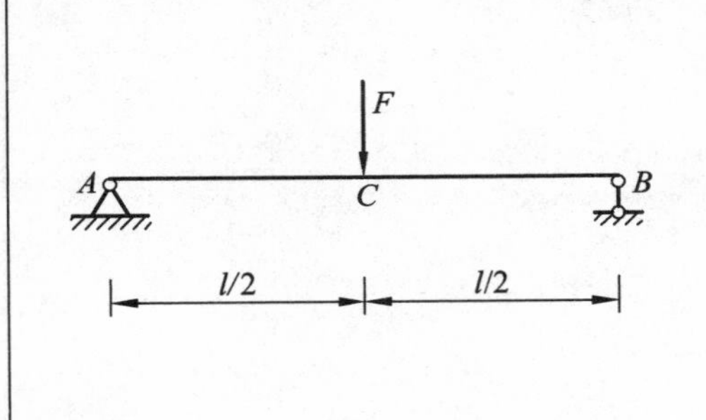

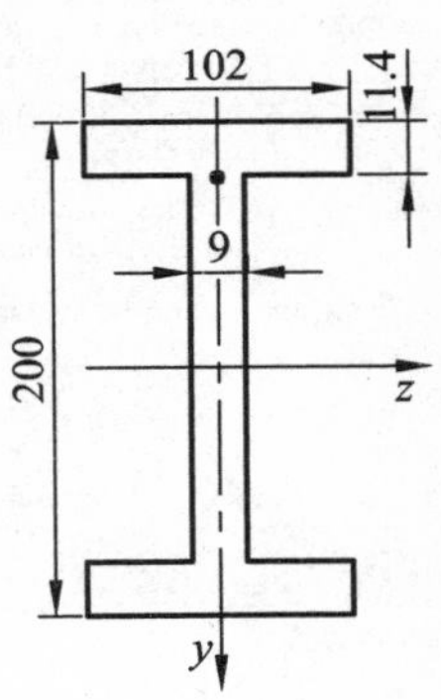

7-6　建筑物地基中某点处的主应力 $\sigma_1 = -0.05$ MPa， $\sigma_3 = -0.2$ MPa。已知地基中土的许用拉应力 $[\sigma_t] = 0.04$ MPa，许用压应力 $[\sigma_c] = 0.12$ MPa，试用莫尔强度理论校核该点处的强度。

7-7　试按第四强度理论对图示焊接工字形截面钢梁进行全面的强度校核。已知 $F = 550$ kN， $q = 40$ kN/m， $a = 1$ m， $l = 8$ m；材料的许用应力 $[\sigma] = 180$ MPa， $[\tau] = 100$ MPa， $I_z = 20.4\times10^8$ mm^4， $S_z^* = 2.768\times10^6$ mm^3。

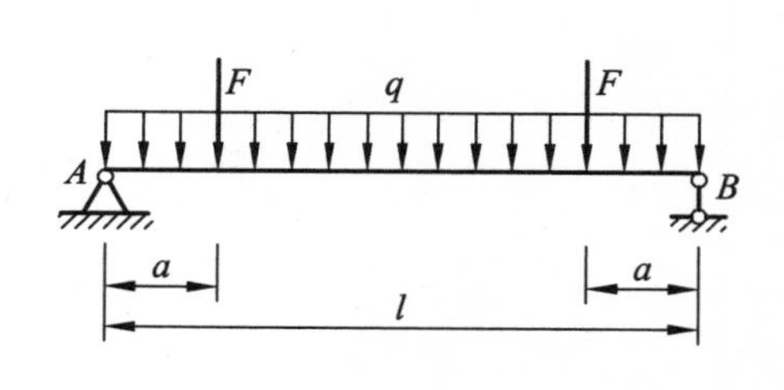

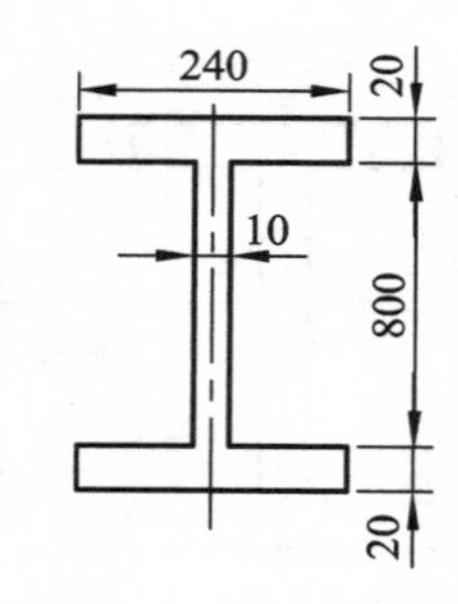

8-1　悬臂吊车的横梁 AB 采用 25a 号工字钢，梁长 $L=4$ m，$\alpha=30°$，横梁及电葫芦共重 $F=24$ kN，横梁材料的许用应力 $[\sigma]=100$ MPa。试校核横梁的强度。

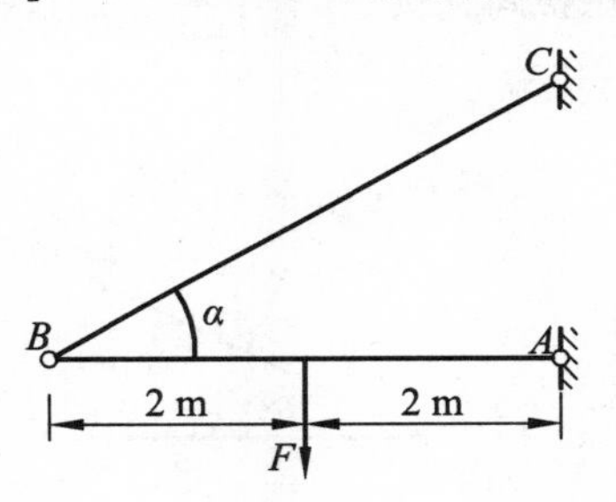

8-2　起重机的最大吊重 $F=8$ kN，AB 杆为工字钢，材料的许用应力 $[\sigma]=110$ MPa。试选择工字钢的型号。

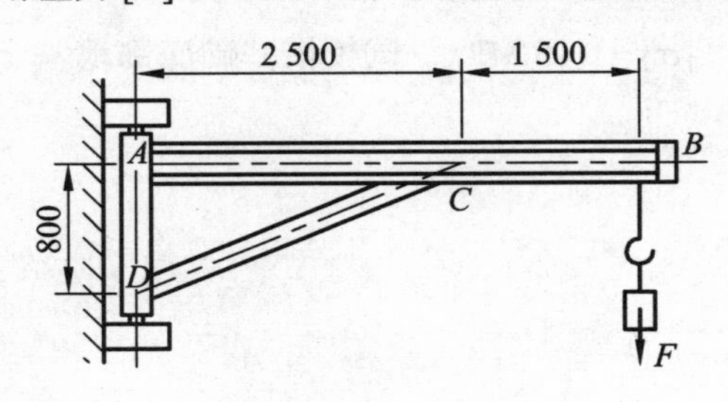

8-3　某墩台基础共重 $W=200$ kN，离地面 $H=15$ m 处受水平风力 $F=60$ kN 的作用。已知圆形基础的直径 $d=6$ m，埋深 $h=3$ m，地基为红黏土，其许应力 $[\sigma]=0.15$ MPa，试校核基础底部地基土的强度。

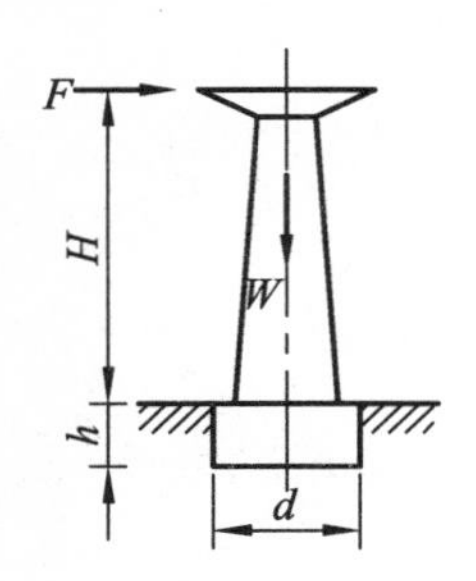

8-4　矩形截面的木檩条，已知 $b\times h=0.11\ \text{m}\times 0.16\ \text{m}$，跨长 $L=4$ m，承受均布荷载作用，$q=1.6$ kN/m；木材为杉木，许用应力 $[\sigma]=12$ MPa，$E=9\times10^3$ MPa；许用挠跨比为 $\left[\dfrac{w}{l}\right]=\dfrac{1}{200}$。试校核木檩条的强度和刚度。

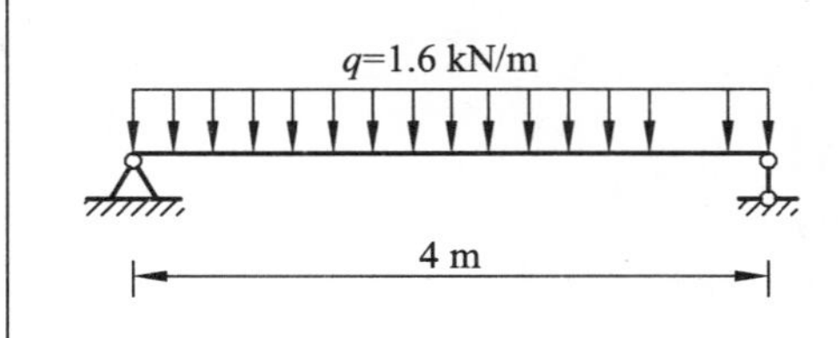

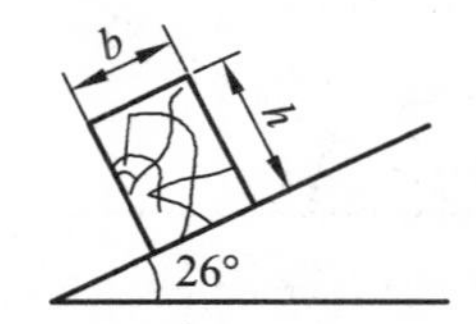

8-5　矩形截面的悬臂木梁，承受 $F_1 = 0.8\ \text{kN}$，$F_2 = 1.6\ \text{kN}$ 的作用。已知材料的许用应力 $[\sigma] = 10\ \text{MPa}$，弹性模量 $E = 10 \times 10^3\ \text{MPa}$。求：①截面尺寸 b、h（设 $h/b = 2$）；②自由端的总挠度。

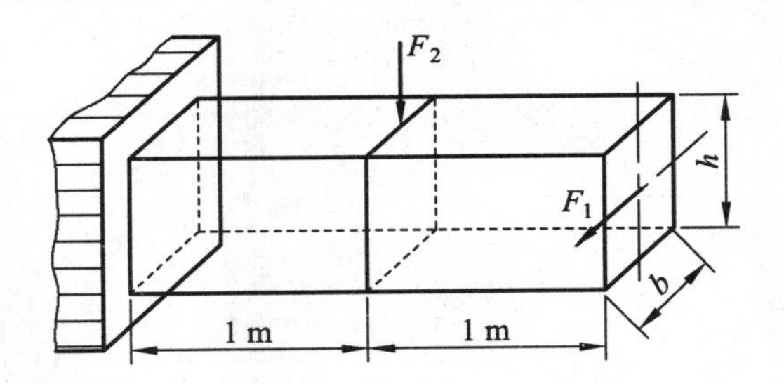

8-6　一矩形截面受拉杆，已知截面尺寸为 200 mm × 50 mm。如图（a）所示，通过轴线的拉力 $F = 50\ \text{kN}$，试求横截面上的正应力。

如图（b）所示，若力 $\boldsymbol{F}$ 向下偏离轴线，偏心距 $e = 10\ \text{mm}$，再求横截面上的最大正应力，并绘出横截面上的应力分布图。比较两种情况下横截面上的最大正应力，说明偏心受力对构件的影响。

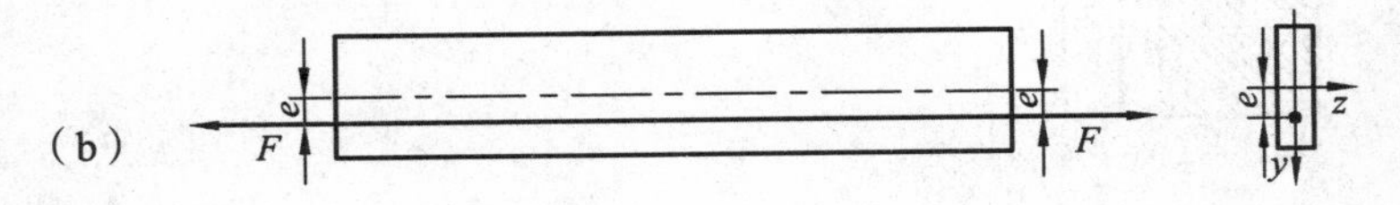

8-7　柱截面为正方形，边长为 a，顶端受轴向压力 $\boldsymbol{F}$ 作用，在右侧中部开一个深为 $a/4$ 的槽。试计算：① 开槽前、后柱内最大压应力值及所在位置；② 若在柱的左侧对称位置开一个相同的槽，再求柱内最大压应力值，并与前两种情况比较。

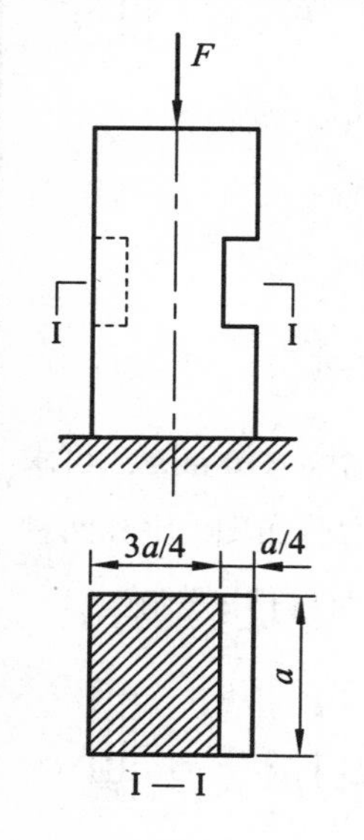

8-8　图示一矩形截面厂房立柱，受压力 $F_1 = 95\ \text{kN}$、$F_2 = 50\ \text{kN}$ 的作用，$\boldsymbol{F}_2$ 与柱轴线的偏心距 $e = 180\ \text{mm}$，截面宽 $b = 180\ \text{mm}$。如要求柱截面上不出现拉应力，截面长度 $\boldsymbol{h}$ 应为多少？此时最大压应力为多大？

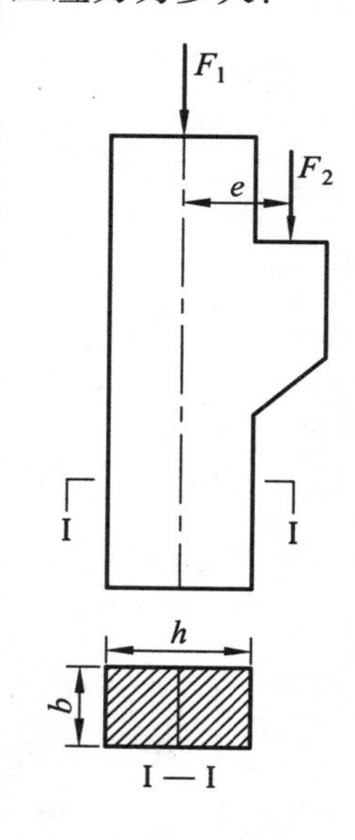

9-1　图示两端铰支的细长压杆，材料的弹性模量 $E=200\ \text{GPa}$，试用欧拉公式计算其临界力 F_{cr}。① 圆形截面 $d=32\ \text{mm}$ 和矩形截面 $h=2b=40\ \text{mm}$，截面面积相同，杆长 $l=1\ \text{m}$；② 28a 工字钢和 $200\ \text{mm}\times125\ \text{mm}\times18\ \text{mm}$ 不等边角钢，截面面积相同，杆长 $l=5\ \text{m}$。比较计算结果，说明截面形状对临界力的影响。

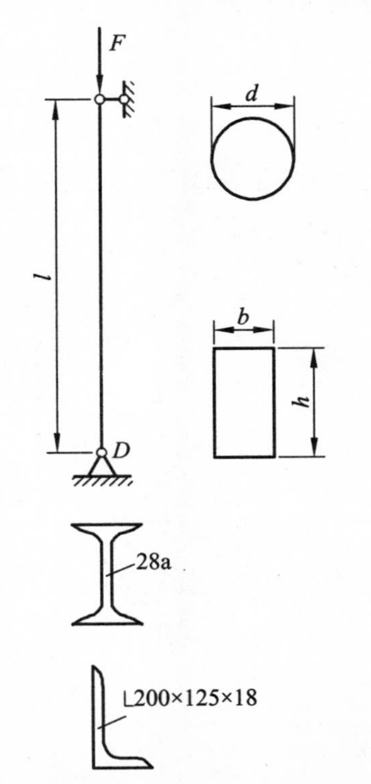

9-2　细长钢压杆的直径 $d=25\ \text{mm}$，杆长 $l=1\ 000\ \text{mm}$，材料的弹性模量 $E=2\times10^5\ \text{MPa}$，试用欧拉公式分别计算：

（1）两端铰支。

（2）两端固定。

（3）一端铰支，一端固定时该压杆的临界力 F_{cr}。

（4）比较上述计算结果，说明杆端约束对临界力的影响。

9-3　三根两端铰支的圆截面压杆，直径均为 $d = 110\ \text{mm}$，长度分别为 $l_1 = 5\ \text{m}$，$l_2 = 2.5\ \text{m}$，$l_3 = 1.25\ \text{m}$，材料为 Q235 钢材，$\sigma_s = 235\ \text{MPa}$，$\sigma_p = 200\ \text{MPa}$，弹性模量 $E = 2\times10^5\ \text{MPa}$，试分别计算三杆的临界应力 σ_{cr}。比较计算结果，说明杆长对临界力的影响。

9-4　图示一闸门的螺杆启闭机，螺杆长 3 m，外径为 60 mm，内径为 51 mm，材料为 A_3 钢材，设计压力 $F = 50\ \text{kN}$，许用应力 $[\sigma] = 120\ \text{MPa}$，杆端支承可视为一端固定、一端铰接。试按内径尺寸进行稳定校核。

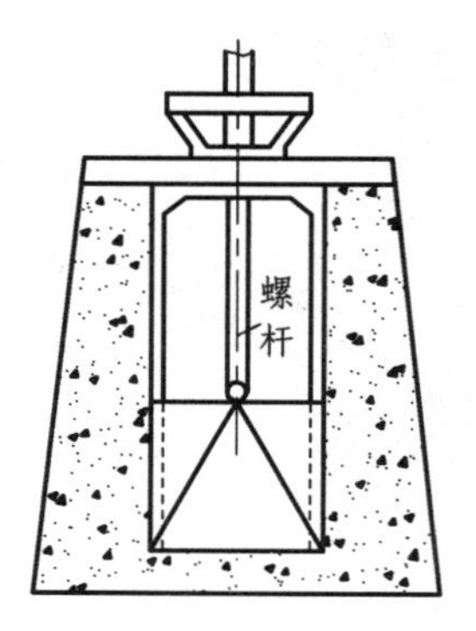

9-5　结构尺寸及受力如图所示，梁 ABC 为 22b 工字钢，$[\sigma]=160$ MPa；柱 BD 为圆截面木材，直径 $d=100$ mm，$[\sigma]=10$ MPa，两端铰支。试作梁的强度校核和柱的稳定性校核。

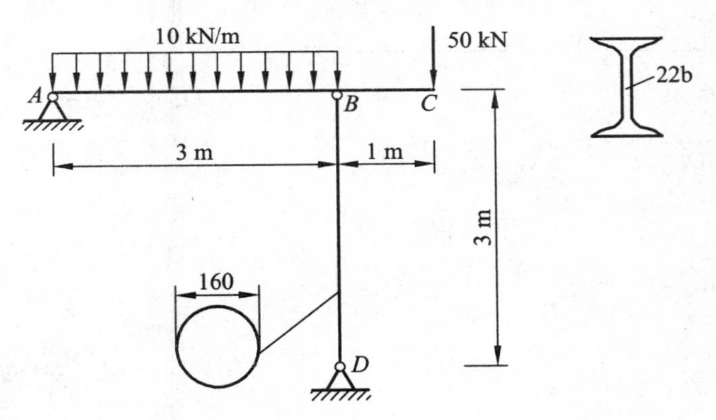

9-6　图示桁架，$F=100$ kN，采用 A_3 钢材制成圆截面杆，许用应力 $[\sigma]=160$ MPa，AC 杆的直径 $d_1=26$ mm，BC 杆的直径 $d_2=40$ mm。试校核 AC 杆的强度、BC 杆的稳定性。

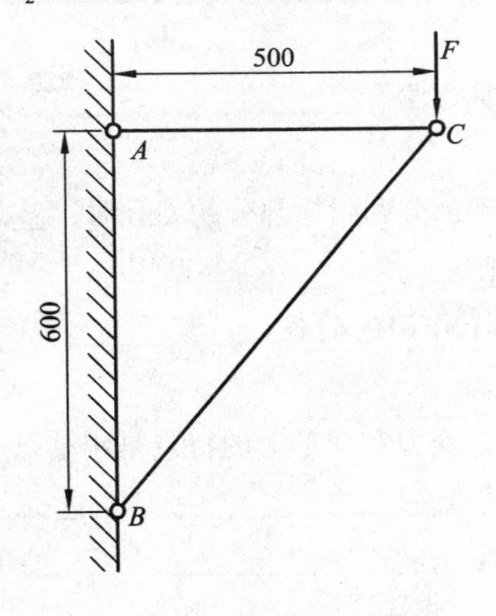

10-1 静定平面刚架的常见类型有__________、__________、__________、__________。

10-2 桁架中轴力为零的杆称为__________；零杆__________从桁架中将其去除。

10-3 静定平面桁架的内力计算方法有__________、__________。

10-3 在进行多跨静定梁的基本部分和附属部分的划分时，__________考虑梁上的荷载情况。

10-4 在多跨静定梁基本部分上作用的荷载__________在附属部分产生内力。

10-5 刚结点与铰结点相比，在受力和变形上的特点是刚结点__________，铰结点__________。

10-6 区别梁与拱的主要标志为__________，__________，__________。

10-8 在一定荷载作用下，若拱截面上只有__________力而__________为零，此时的拱轴线称为合理拱轴线。

10-9 三铰拱在竖向荷载作用下，产生的水平推力的计算式为__________，水平推力与__________无关。

10-10 计算如图所示多跨静定梁，并作其内力图。

（a）

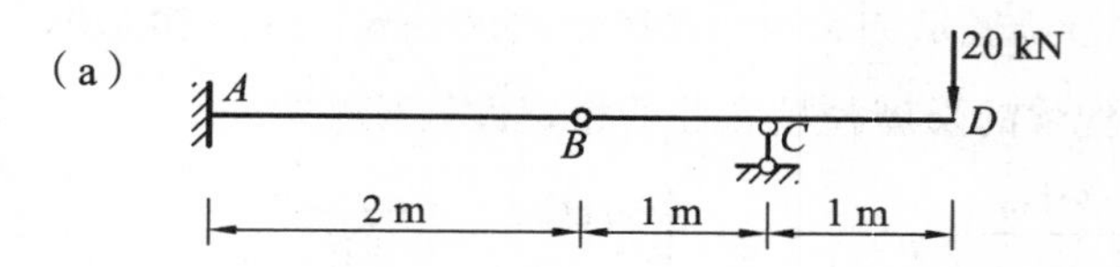

（b）

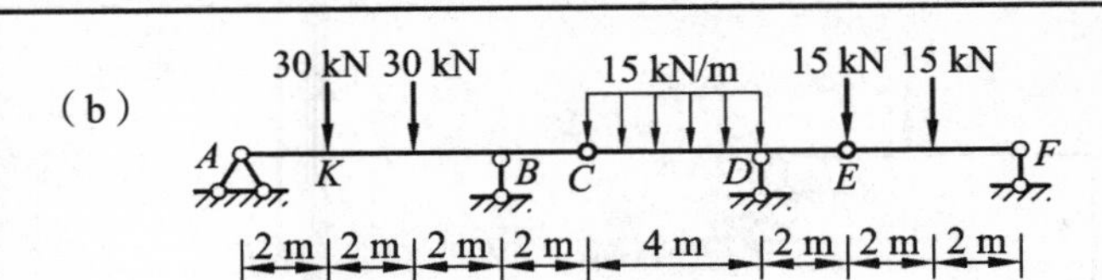

10-11　计算如图所示静定刚架，并作其弯矩图。（为结构位移计算准备）

（a）

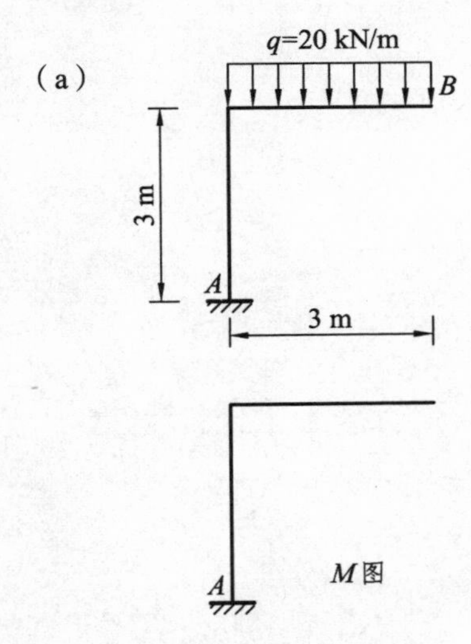

（b）

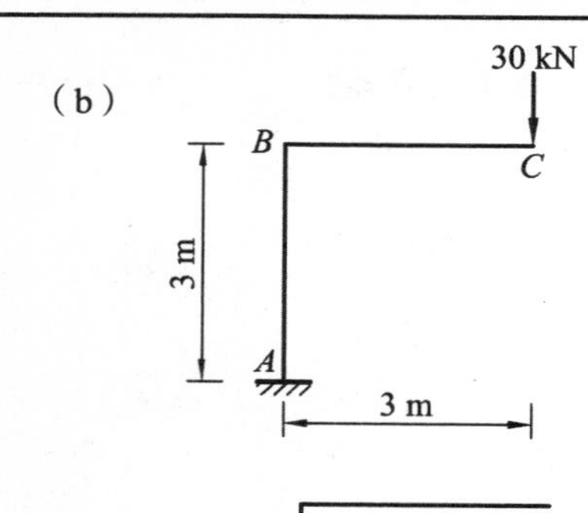

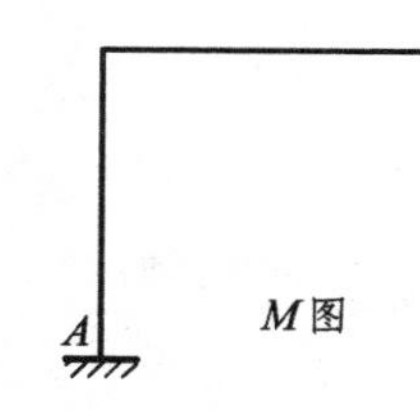

（c）

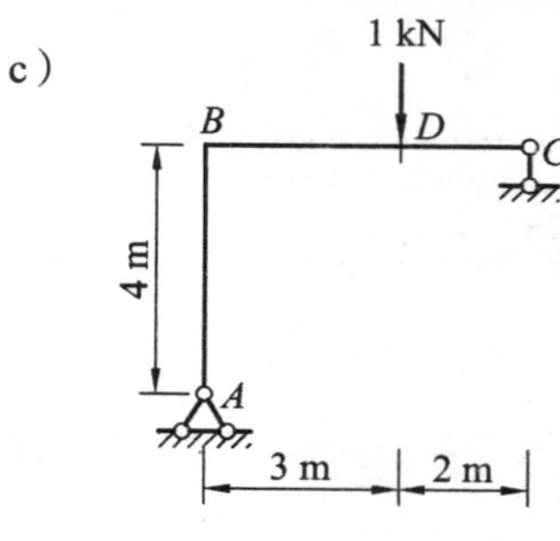

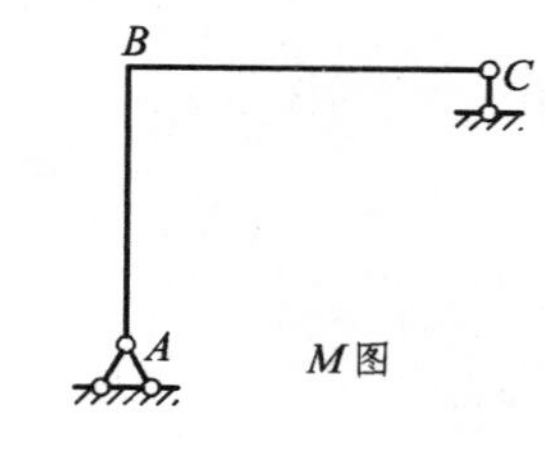

（d）

10 kN·m

C　B　4 m　A　5 m

C　B　A

M图

10-12　计算如图所示静定刚架，并作弯矩图。（为力法计算准备）

（a）

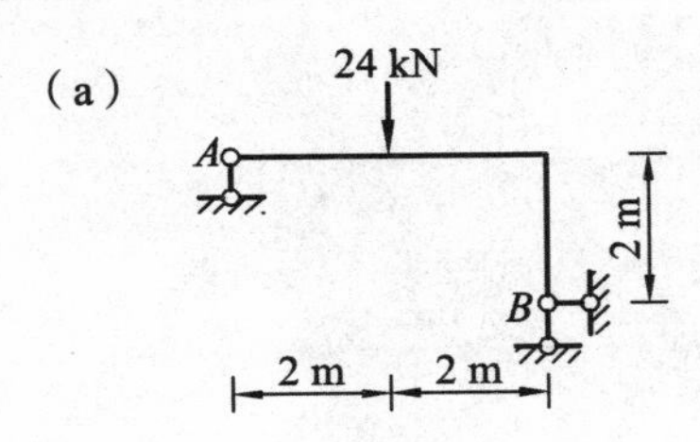

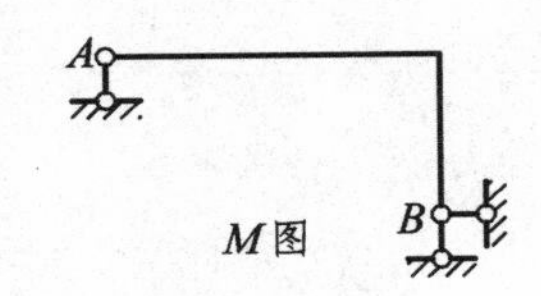

（b）

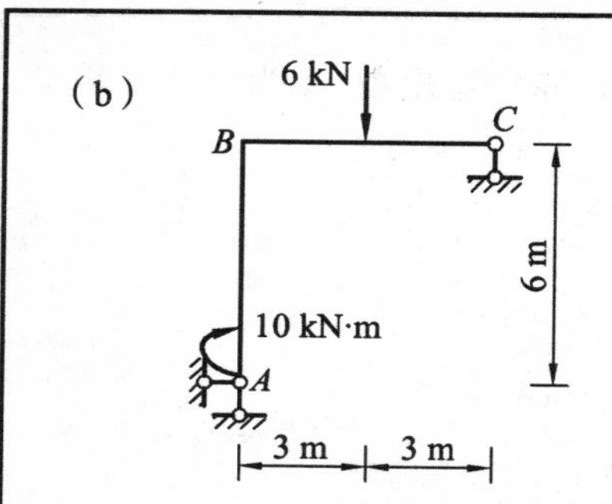

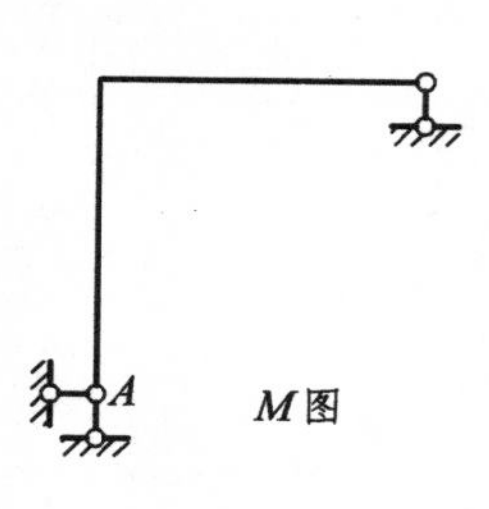

（c）

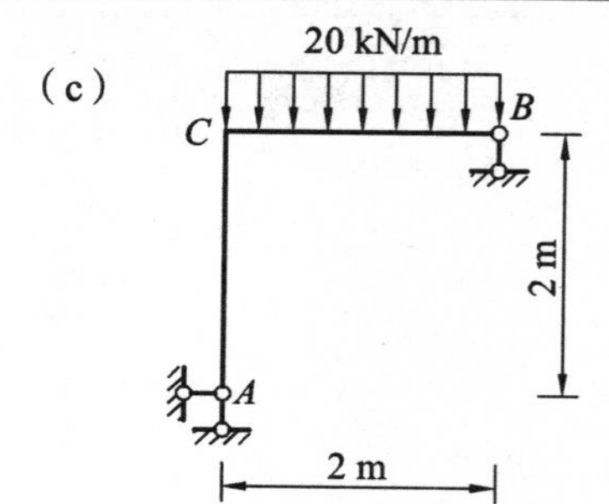

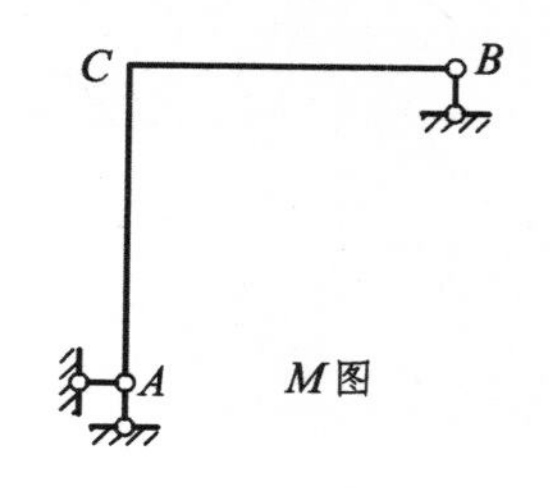

（d）

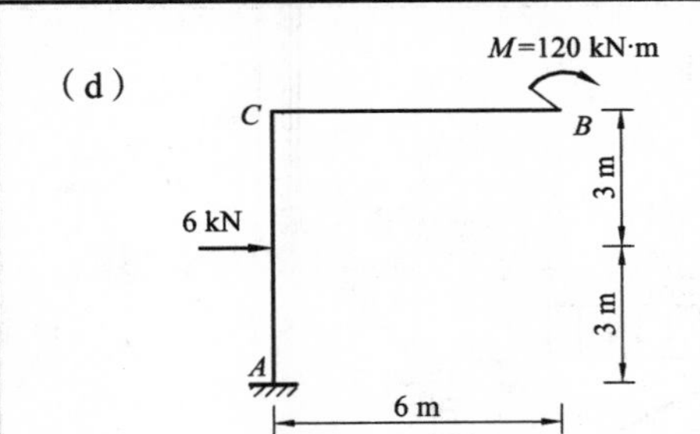

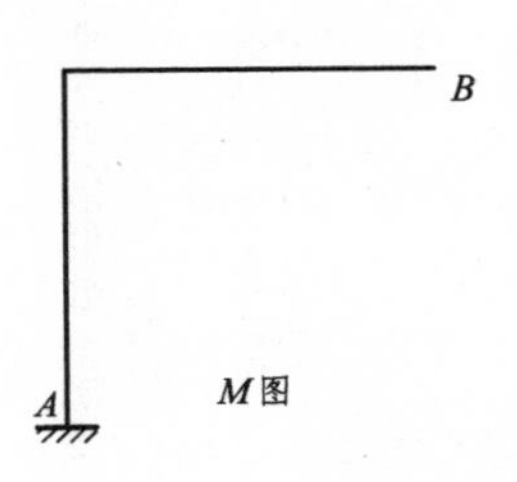

（e）

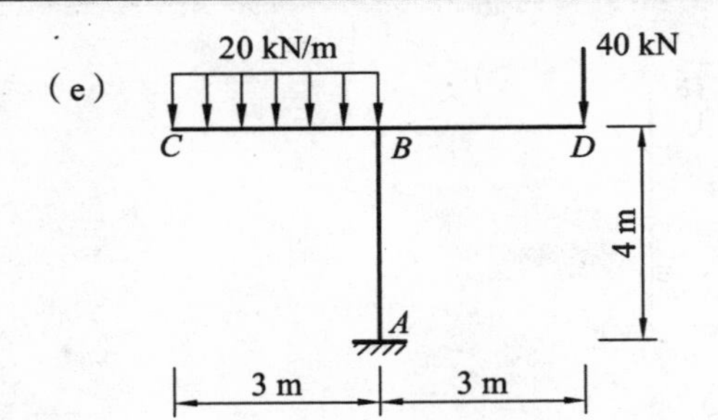

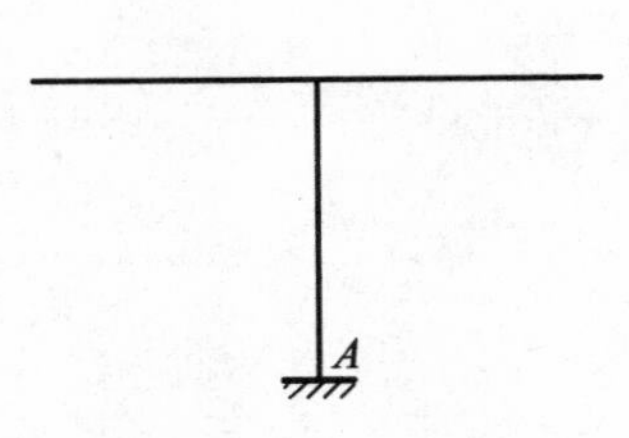

（f）

20 kN/m
C
B
20 kN
3 m
3 m
A
5 m

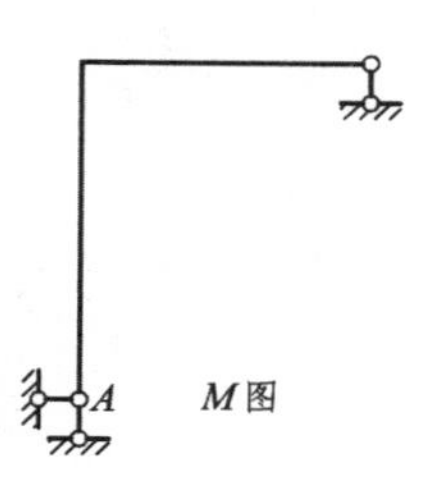

10-13　计算如图所示三铰拱。

（1）求拱的支座反力；

（2）计算 E 截面的内力。

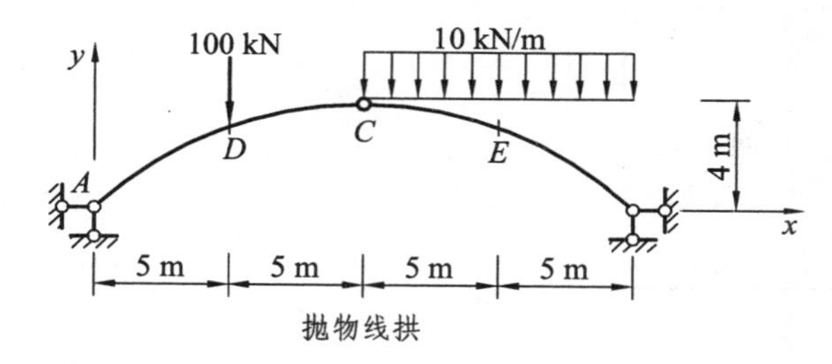

抛物线拱

10-14　判断图示各桁架中的零杆。(在图中零杆上画 O)

(a)

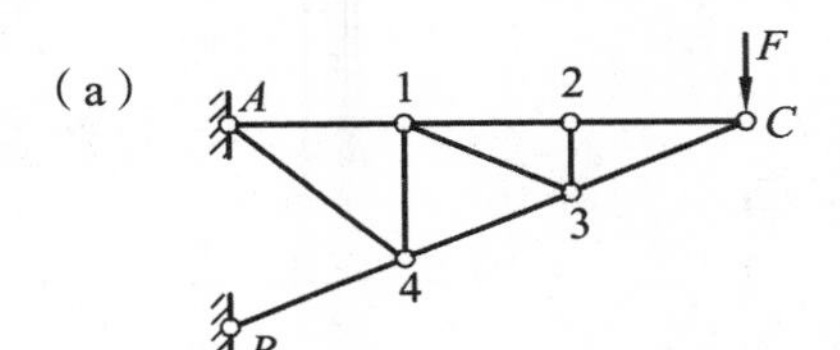

(b)

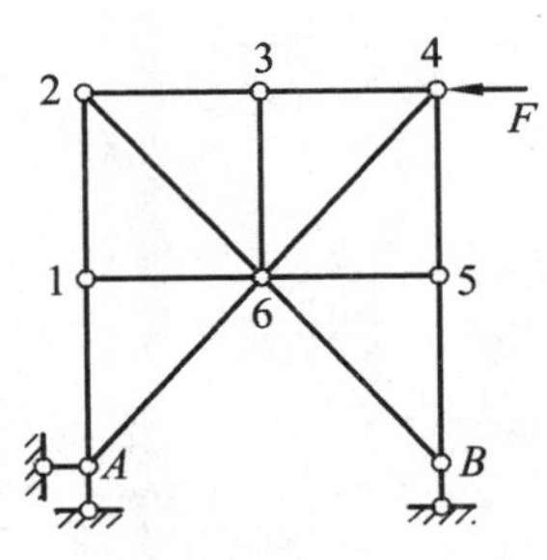

(c)

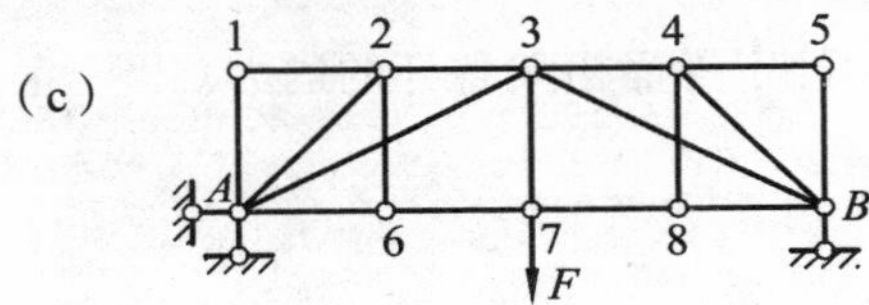

(d)

10-15　用结点法计算图示静定平面桁架各杆的内力。

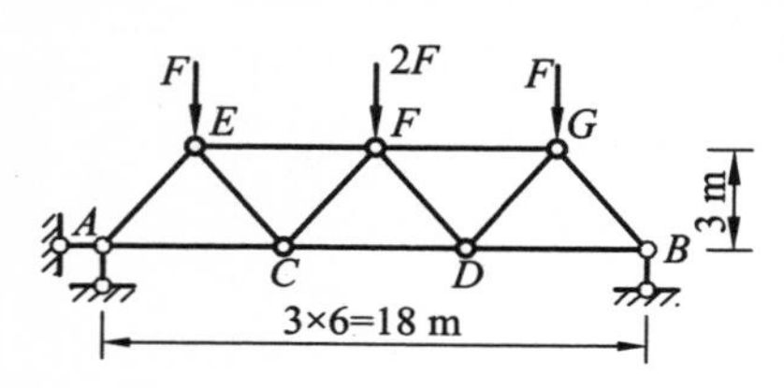

10-16　用截面法计算图示静定平面桁架指定杆件的内力。

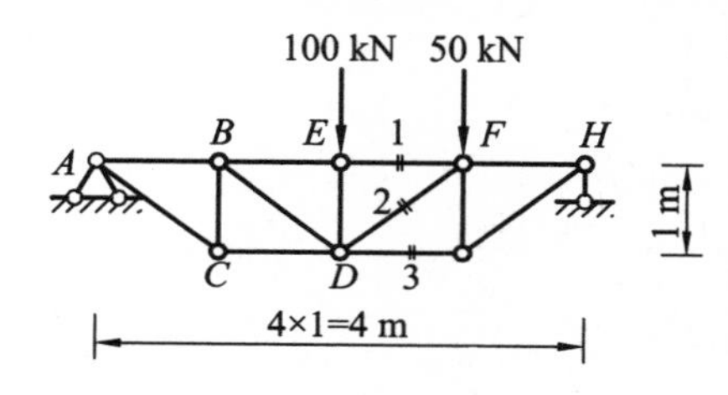

10-17　用合适的方法计算图示静定平面桁架指定杆件的内力。

（a）

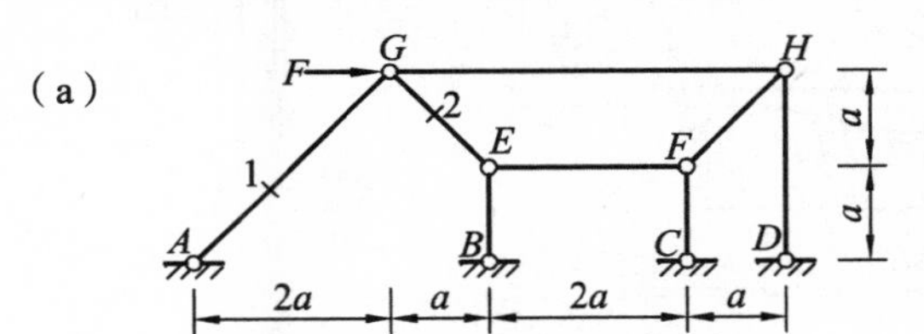

（b）

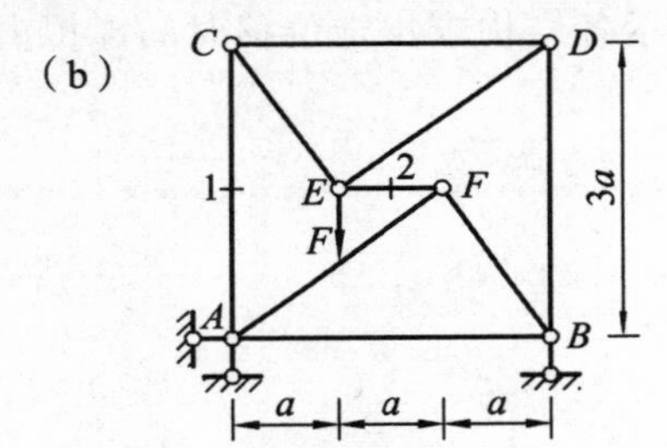

11-1　根据虚功原理，画出图示各结构求指定位移时的虚拟力状态。

（1）求 B 点竖向位移 Δ_{VB}。

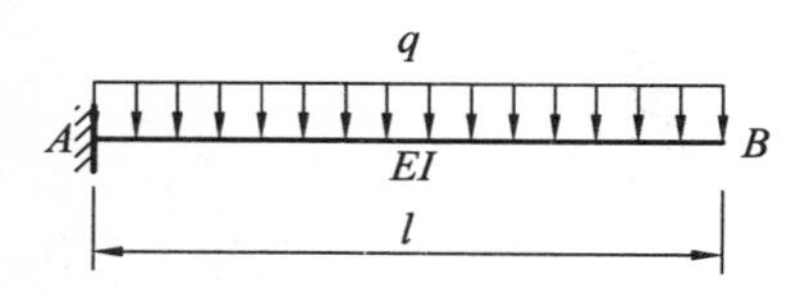

（2）求悬臂刚架 C 的水平位移 Δ_{HC}。

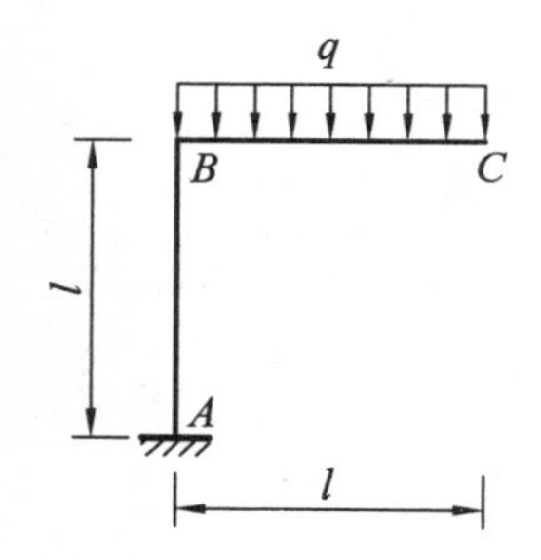

（3）求刚架 D 截面的竖向位移。

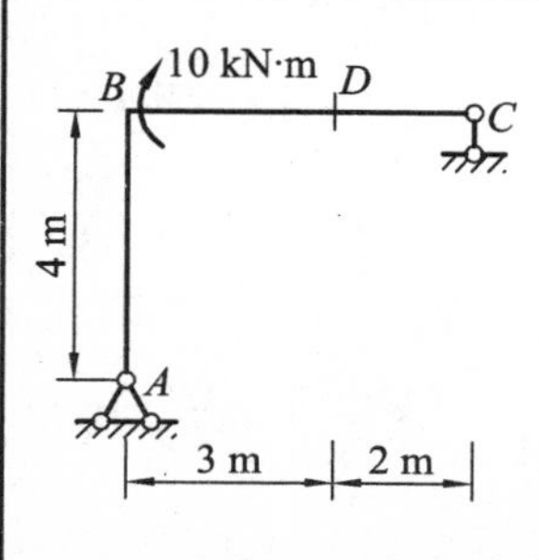

（4）求 A 截面转角 φ_A。

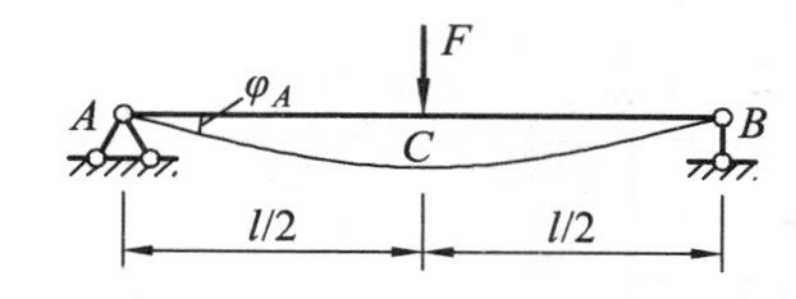

（5）求梁 C 截面转角 φ_C。

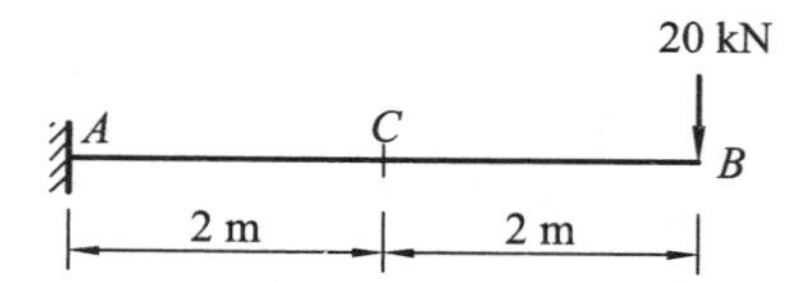

11-2　试用积分法计算如图所示悬臂梁 B 端的竖向位移 Δ_{VB}。梁的 EI 为常数。

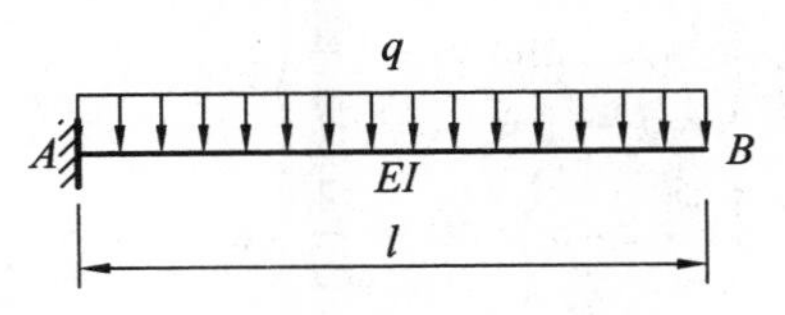

11-3　试用积分法计算如图所示悬臂刚架 C 的竖向位移 Δ_{VC}。梁的 EI 为常数。

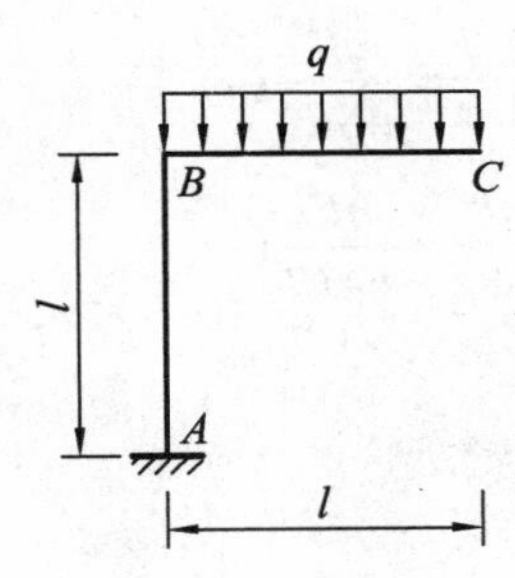

11-4 用图乘法求（a）图所示简支梁跨中截面 C 处的竖向位移时，需做（b）图所示虚拟状态的弯矩图，则

方法一：$\Delta_{VC}=\sum\frac{1}{EI}\omega\cdot y=\frac{1}{EI}\cdot\left(\frac{2}{3}\cdot l\cdot\frac{ql^2}{8}\right)\cdot\frac{l}{4}=\frac{ql^4}{48EI}(\downarrow)$

方法二：$\Delta_{VC}=\sum\frac{1}{EI}\omega\cdot y=\frac{1}{EI}\cdot\left(\frac{1}{2}\cdot l\cdot\frac{l}{4}\right)\cdot\frac{ql^2}{8}=\frac{ql^4}{64EI}(\downarrow)$

（a）
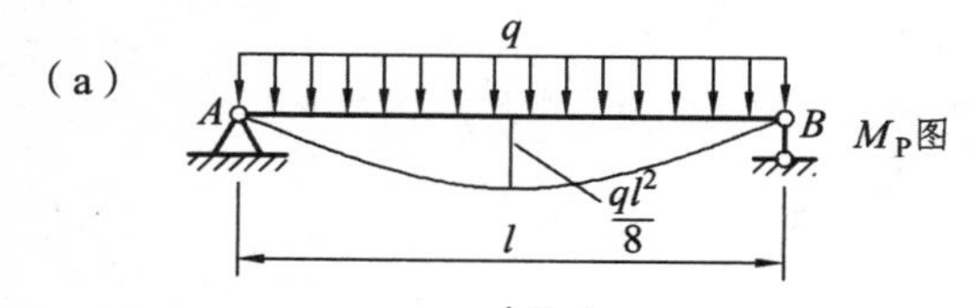

（b）
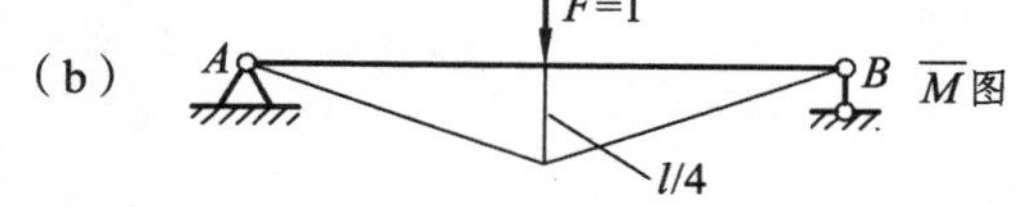

该题求解的两种方法均存在错误。说明产生错误的原因，并改正。

11-5 用图乘法求（a）图所示悬臂梁截面 C 处的竖向位移时，需做（b）图所示虚拟状态的弯矩图，则

方法一：$\Delta_{VC}=\sum\frac{1}{EI}\omega\cdot y=\frac{1}{EI}\cdot\left(\frac{1}{2}\times6\times60\right)\times1=\frac{180}{EI}(\downarrow)$

方法二：$\Delta_{VC}=\sum\frac{1}{EI}\omega\cdot y=\frac{1}{EI}\cdot\left(\frac{1}{2}\times3\times3\right)\times50=\frac{225}{EI}(\downarrow)$

（a）
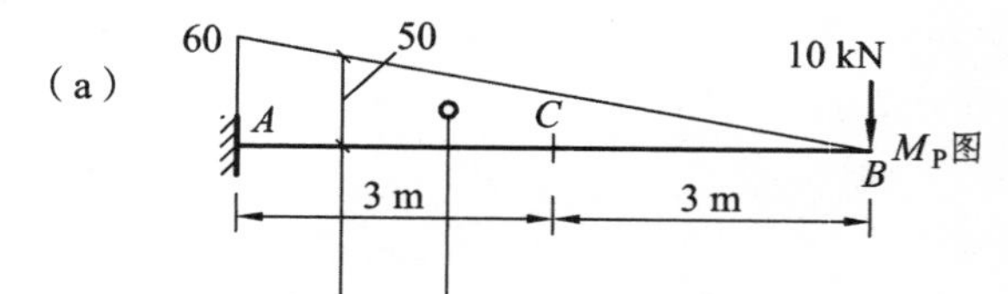

（b）
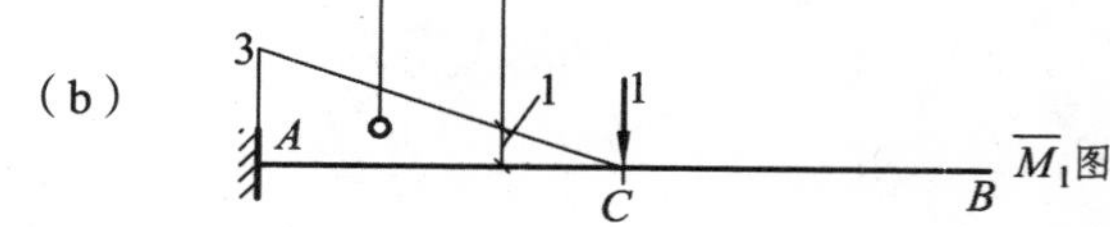

指出该题求解的两种方法中是否存在错误。说明产生错误的原因。

11-6　试用图乘法计算 11-2、11-3 题。（为力法计算准备）

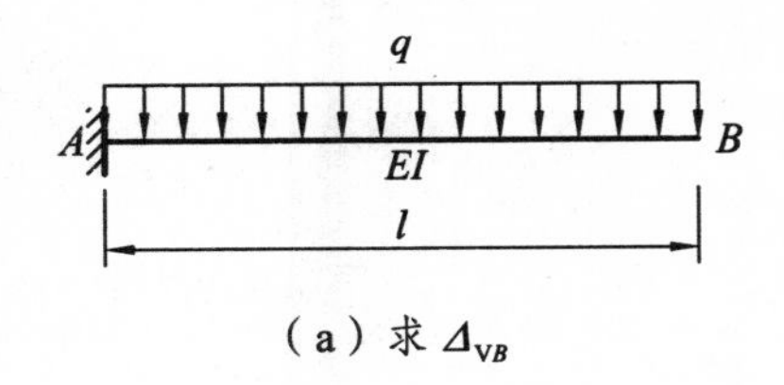

（a）求 Δ_{VB}

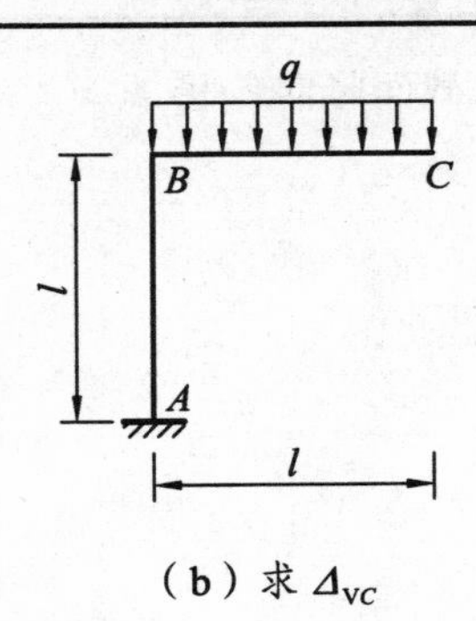

（b）求 Δ_{VC}

11-7　梁的 EI 为常数，试用图乘法求 C 截面竖向位移 Δ_{VC}。

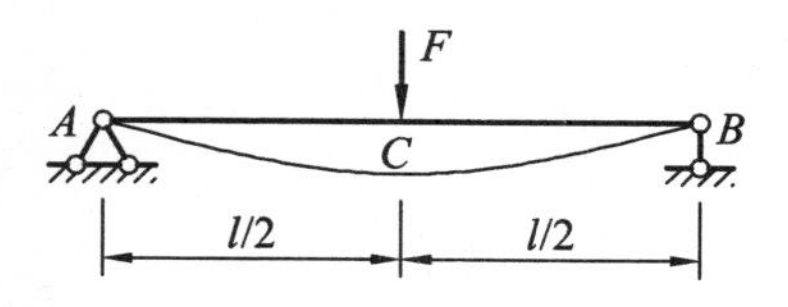

11-8　梁的 EI 为常数，试用图乘法求 A 截面转角 φ_A。

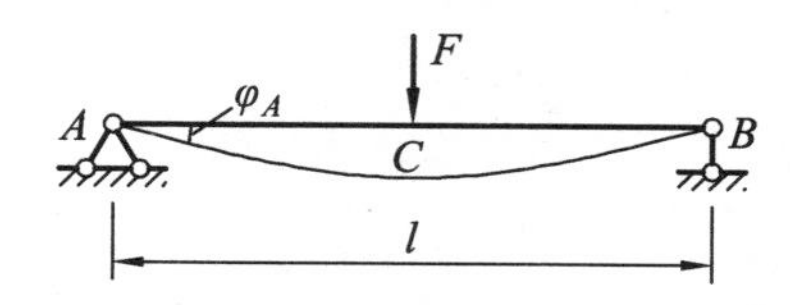

11-9　图乘法计算如下图所示刚架 D 截面的竖向位移。刚架各杆 EI 为常数。

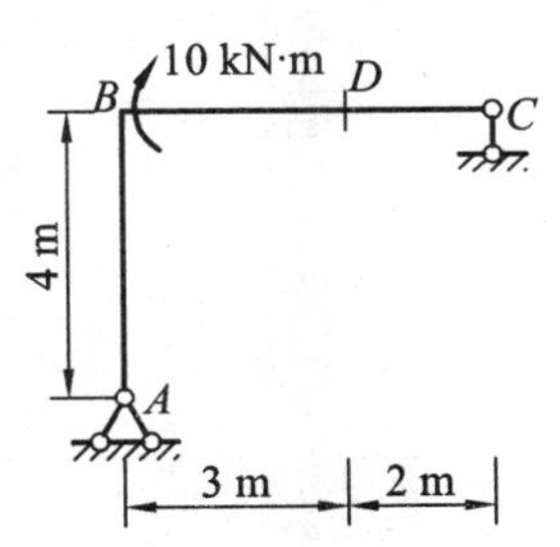

11-10　梁的 EI 为常数，试用图乘法计算梁 C 截面转角 φ_C。

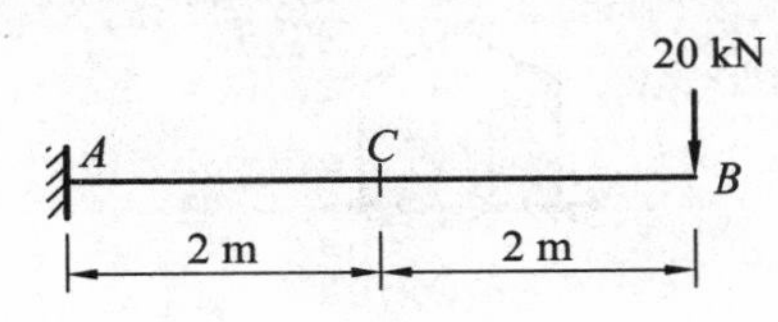

班级________　姓名________　学号________

12-1　确定如图所示各结构的超静定次数。

(a)

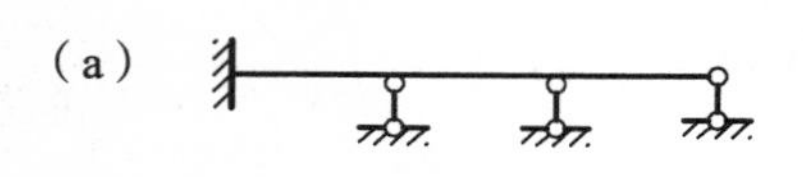

(b)

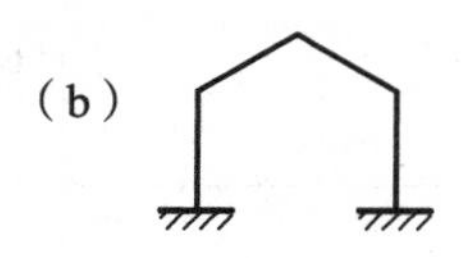

(c)

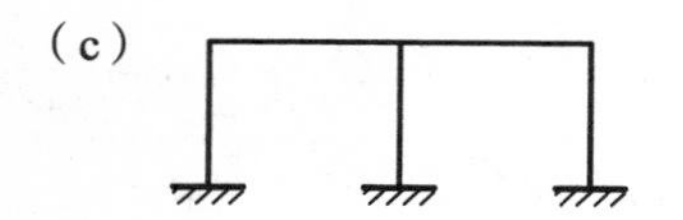

(d)

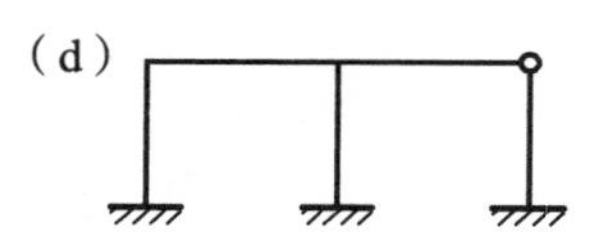

(e)

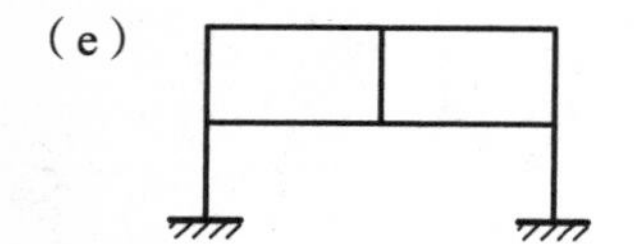

(f)

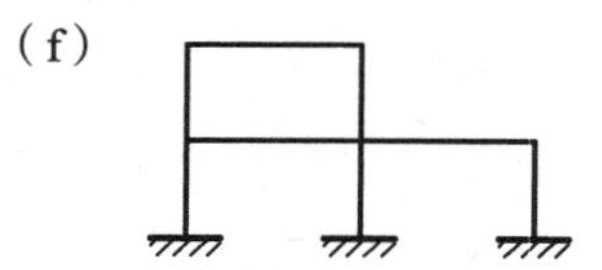

12-2　分别画出用力法求解下图超静定结构时两种可供选择的基本体系，列出力法方程，并绘出各体系的 $\overline{M_1}$ 图和 M_P 图。

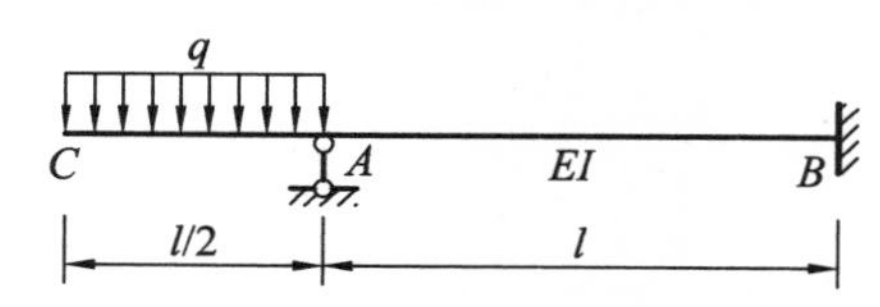

12-3　分别画出用力法求解下图超静定结构时两种可供选择的基本体系，并绘出各体系的 $\overline{M_1}$ 图和 M_P 图。

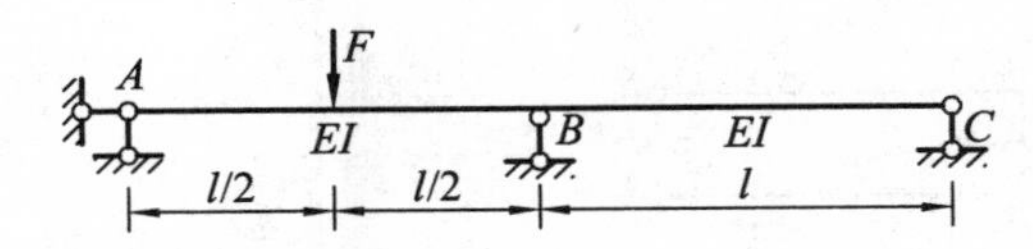

12-4　比较题 12-3 所选基本体系，用力法求解时哪个更为简便？选择一个最简便的基本体系计算图示超静定结构，绘出 M 图。

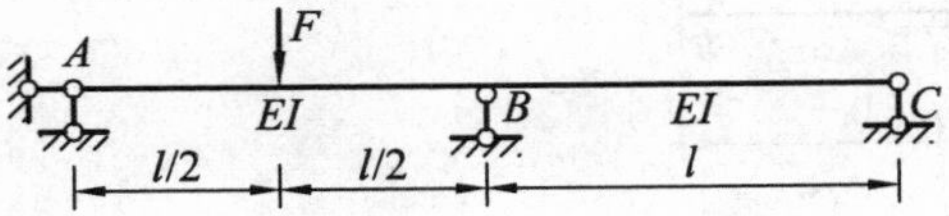

12-5　比较题 12-2 所选基本体系，用力法求解时哪个更为简便？选择一个最简便的基本体系计算图示超静定结构。

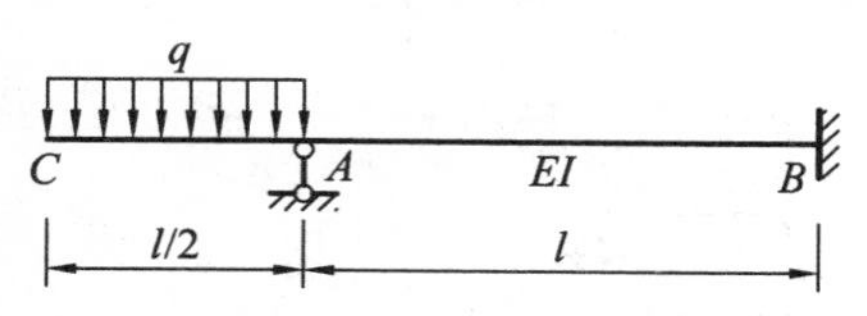

12-6　用力法计算如图所示结构，并作出弯矩图和剪力图。各杆 $EI=$ 常数。（为位移法查表准备）

（a）

M　C　A　EI　B

l/2　l/2

(b)

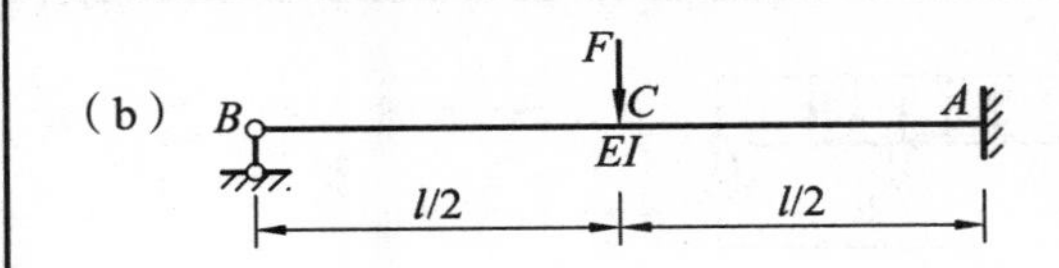

(c)

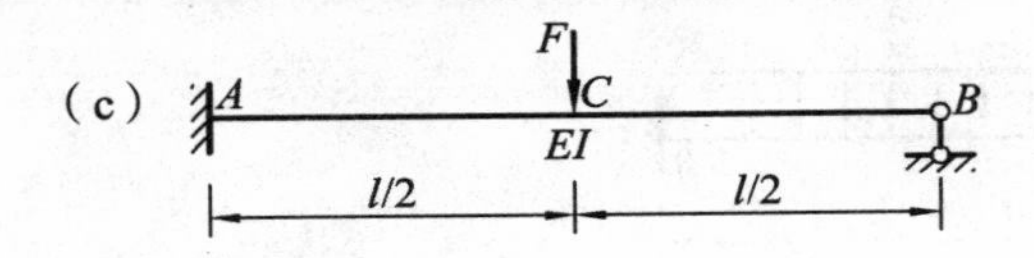

(d)

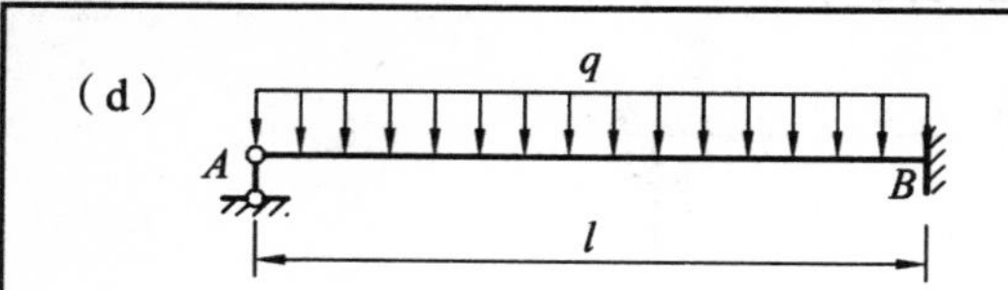

(e)

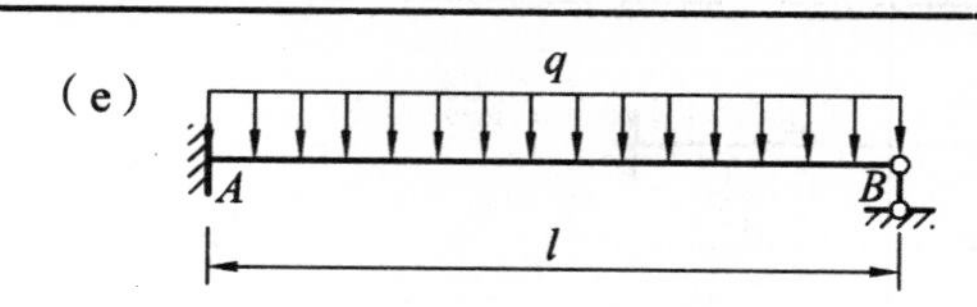

12-7　用力法计算如图所示各刚架，并作出弯矩图。各杆 EI 为常数。

（1）用给定的基本体系求解图示超静定结构。

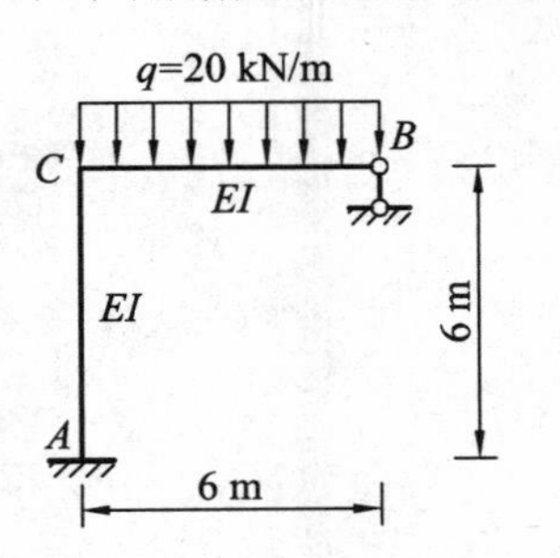

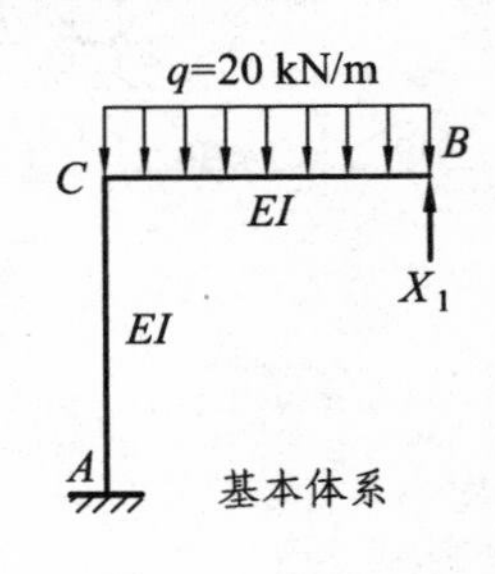

（2）用给定的基本体系求解图示超静定结构。

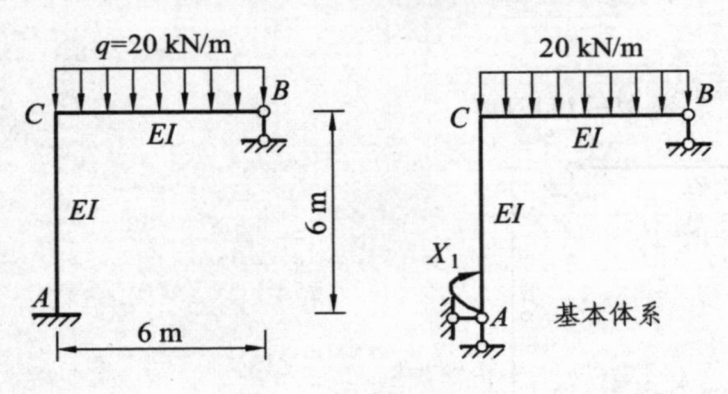

12-8　用力法计算如图所示各刚架，并作出弯矩图。各杆 EI 为常数。

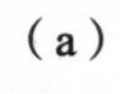

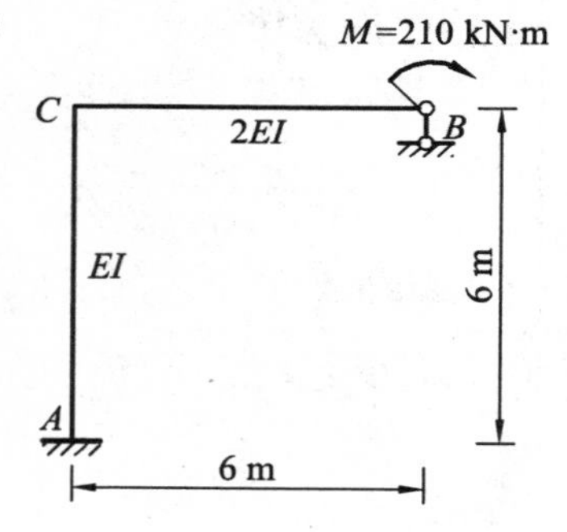

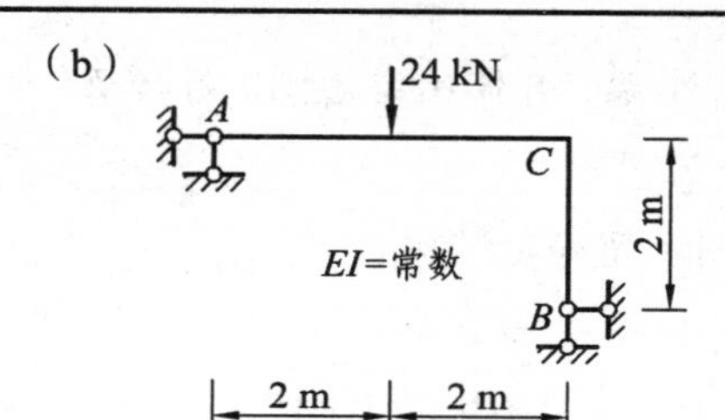

（c）

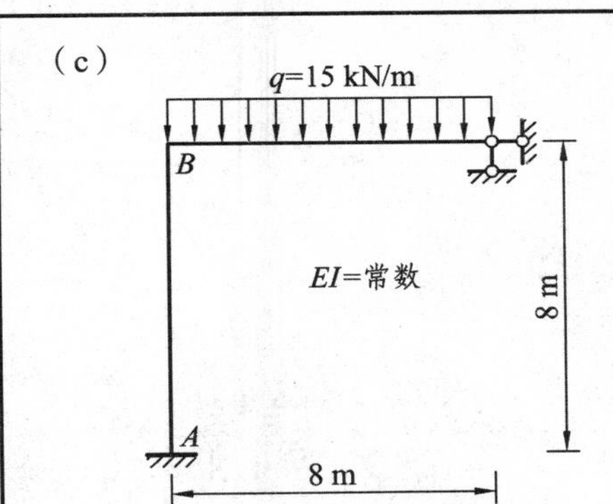

12-9　图示对称结构，各杆 EI 为常数。

（1）利用对称性选取对称结构的半结构；

（2）选取力法基本体系；

（3）列出所选基本体系的力法方程。

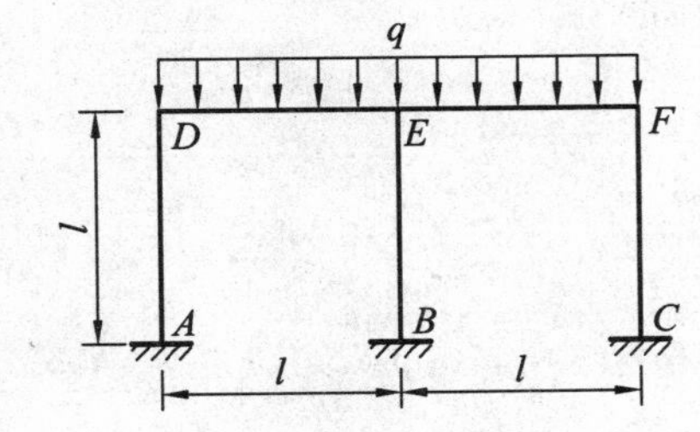

12-10　利用对称性计算图示结构，绘出 M 图。各杆 EI 为常数。

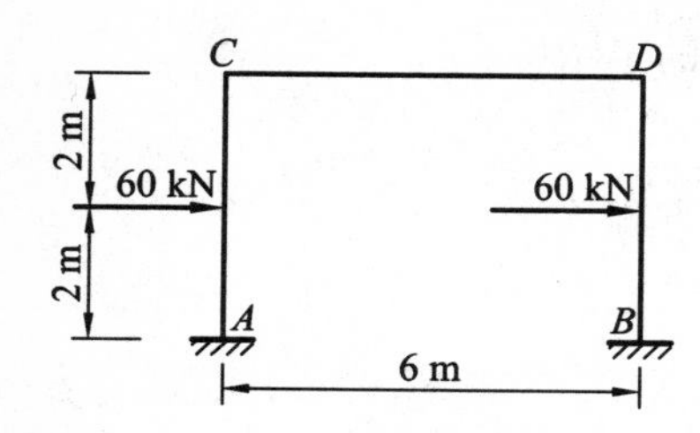

13-1　试确定如图所示结构用位移法计算时的基本未知量数目，并形成基本体系，建立相应的位移法方程。

（a）

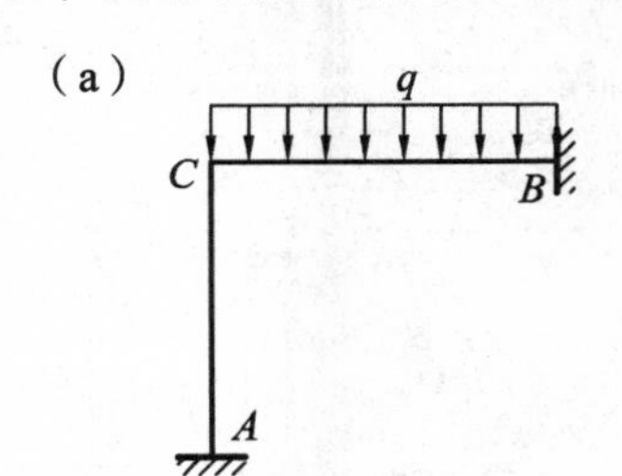

（b）

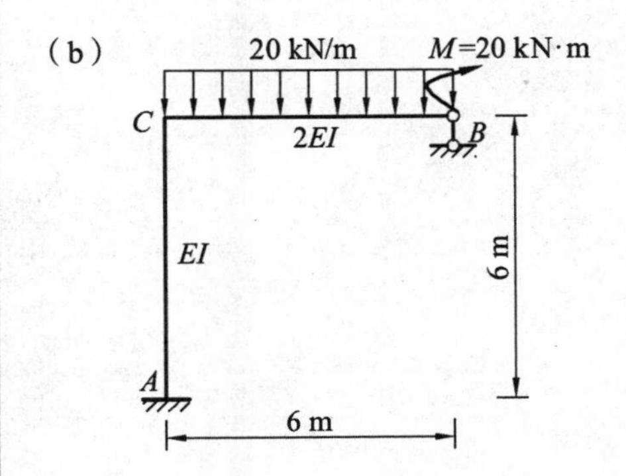

（c）

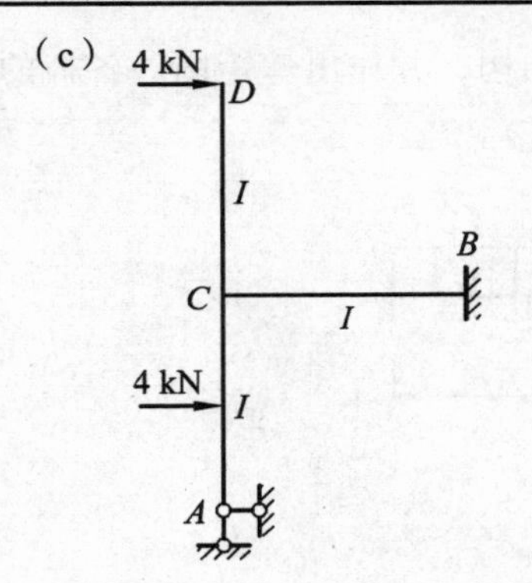

（d）

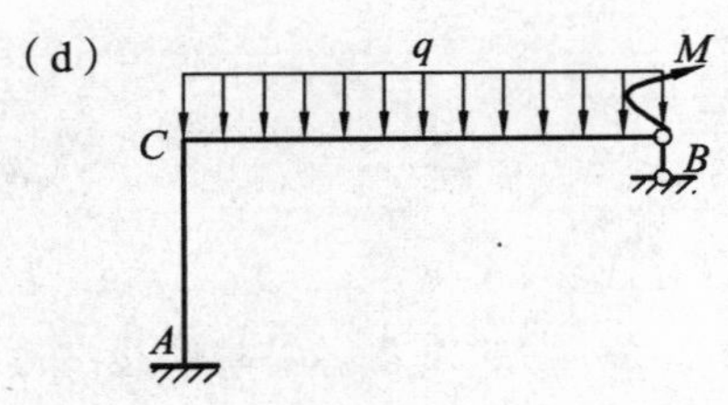

（e）

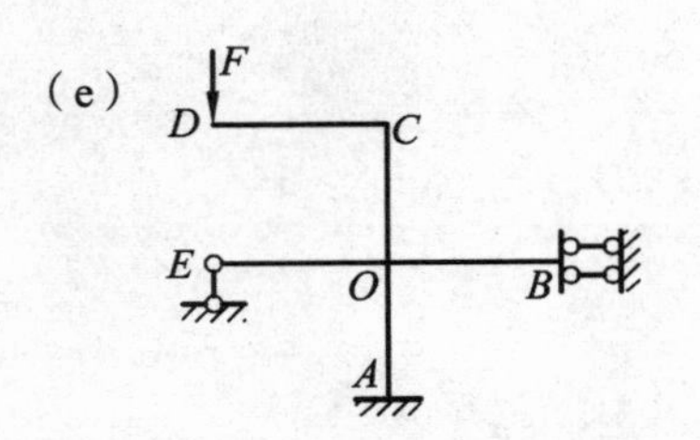

13-2　试用位移法计算如图所示结构，并作出弯矩图。各杆的 EI 为常数。

（a）

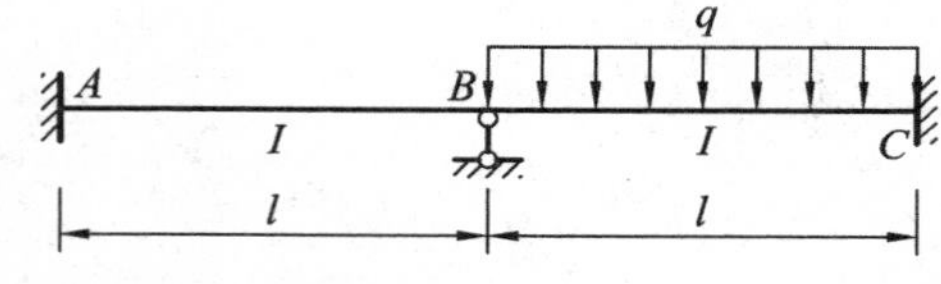

（b）

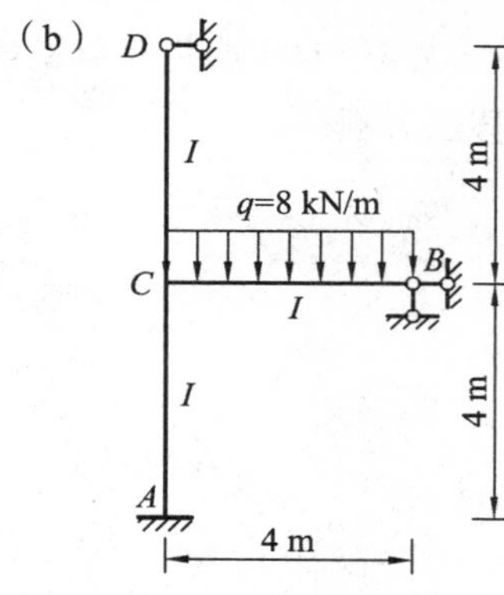

（c）

4 kN　D　I　4 m　B　C　I　2 m　4 kN　I　2 m　A　4 m

（d）

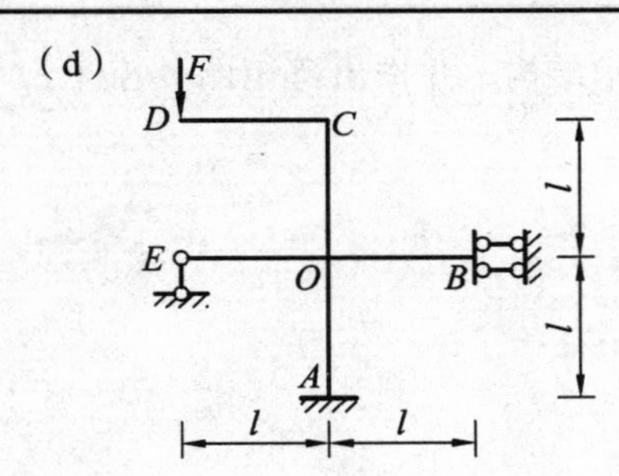

13-3　试用位移法计算如图所示结构，并作出弯矩图。各杆 EI 为常数。

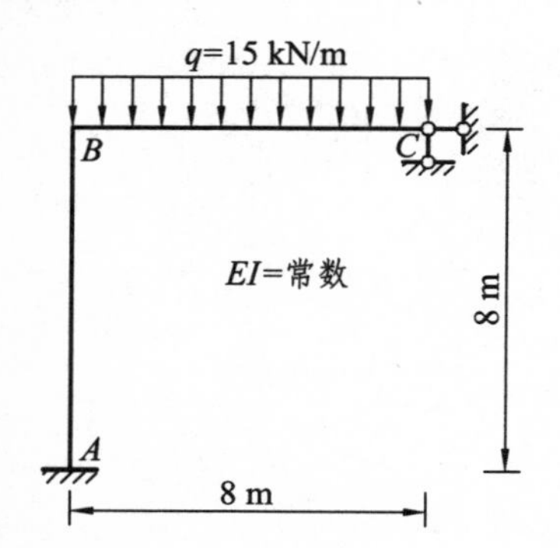

13-4　试用位移法计算如图所示结构，并作出弯矩图。各杆 EI 为常数。

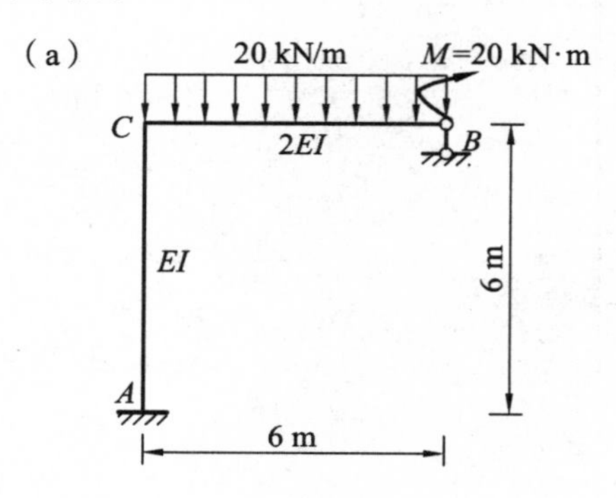

（b）

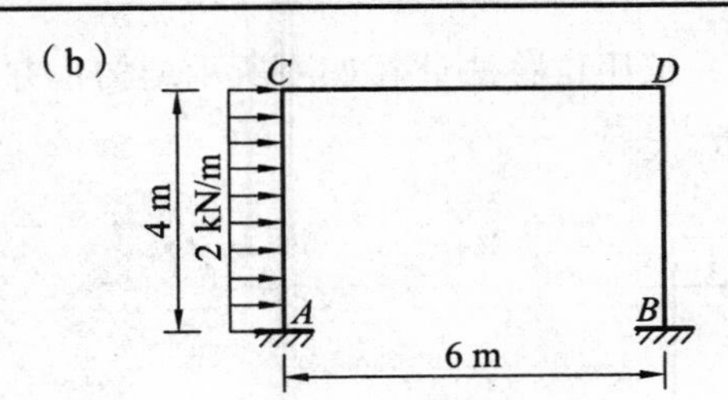

13-5　图示结构，各杆 EI 为常数。

（1）选取用力法求解的基本体系，并列出力法方程；

（2）选取用位移法求解的基本体系，并列出位移法方程；

（3）指出两个方法中哪个更为简便。

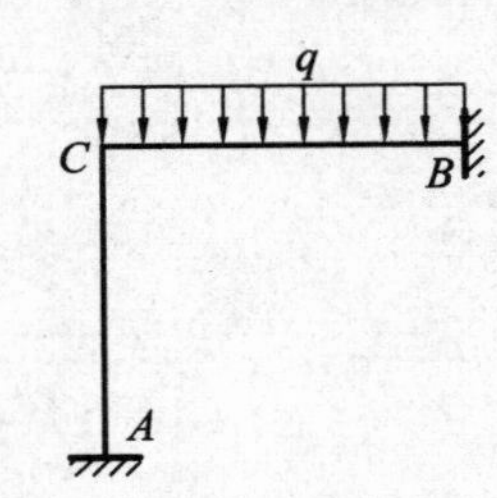

13-6　图示结构，各杆 EI 为常数。

（1）选取用力法求解的基本体系，并列出力法方程；

（2）选取用位移法求解的基本体系，并列出位移法方程；

（3）指出两个方法中哪个更为简便。

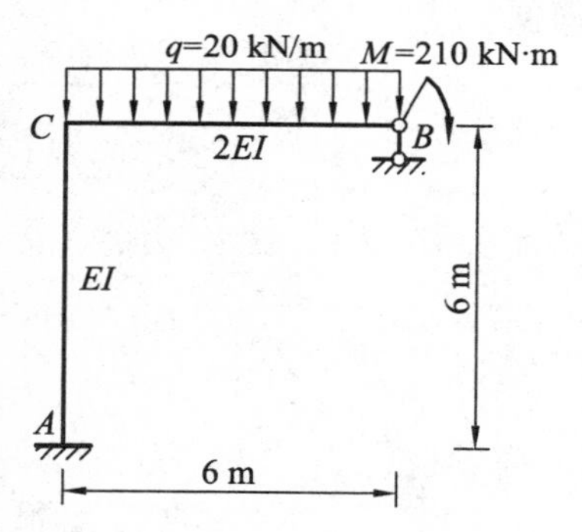

13-7　利用结构的对称性，试用位移法计算如图所示结构，并作出弯矩图。各杆 EI 为常数。

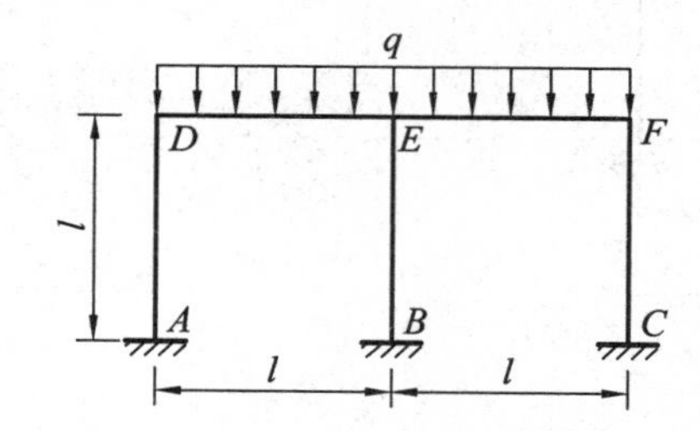

14-1　作如下图所示各梁指定截面的影响线。

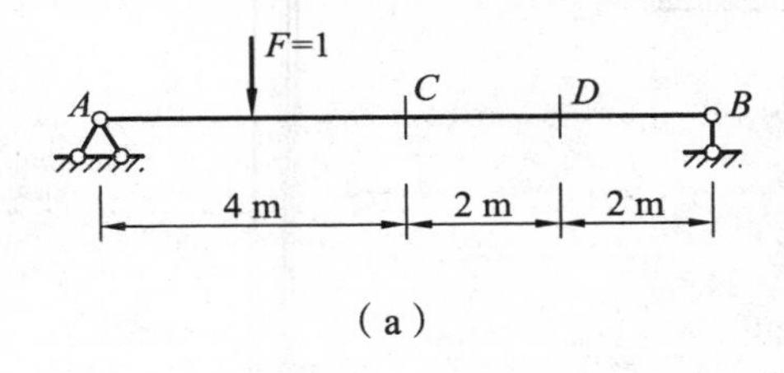

（a）

求 F_{SC}、M_C、F_{SD}、M_D。

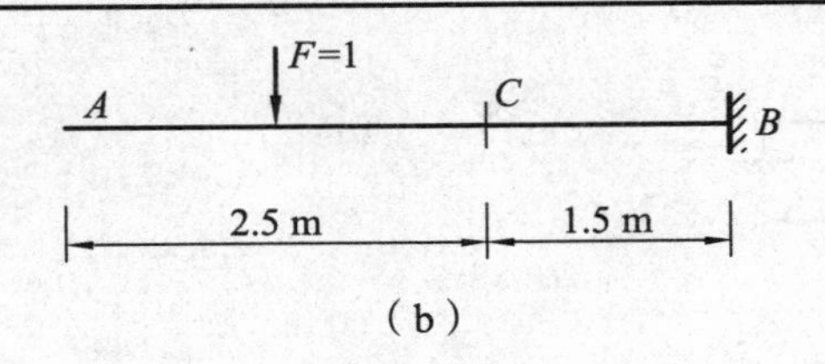

（b）

求 F_{SC}、M_C、M_B。

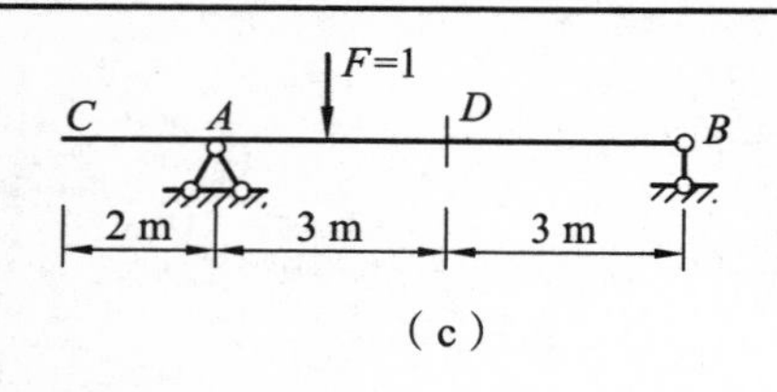

（c）

求 F_{SD}、M_D。

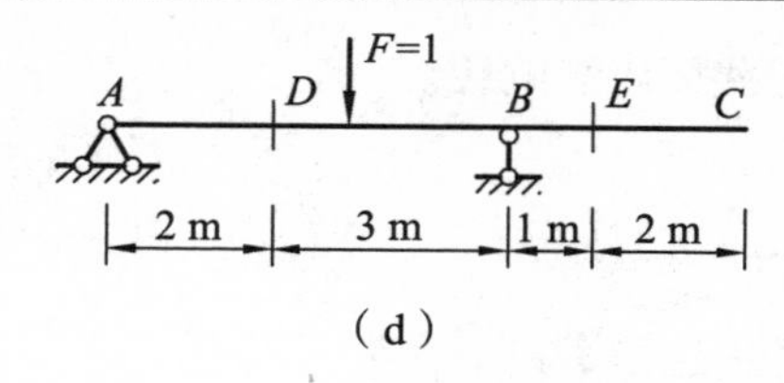

（d）

求 F_{SD}、M_D、F_{SE}、M_E。

14-2　试用影响线求指定截面的内力和弯矩。

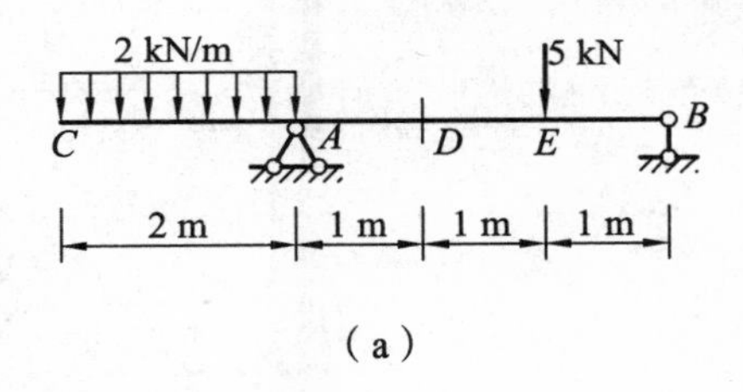

（a）

求 F_{SD}、M_D。

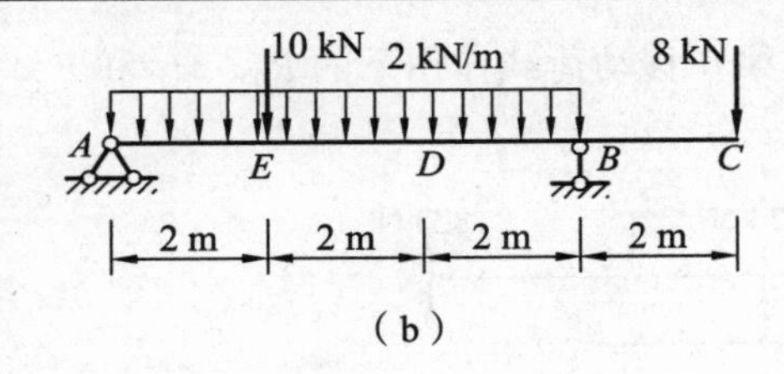

（b）

求 F_{SD}、M_D。

14-3　试求如图所示简支梁在移动荷载作用下的 R_A、M_C 和 F_{SC} 的最大值。

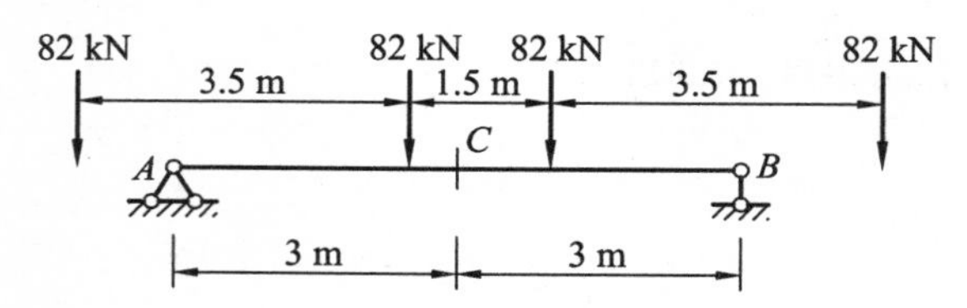

14-4　试求如图所示 *AB* 梁的绝对最大弯矩。

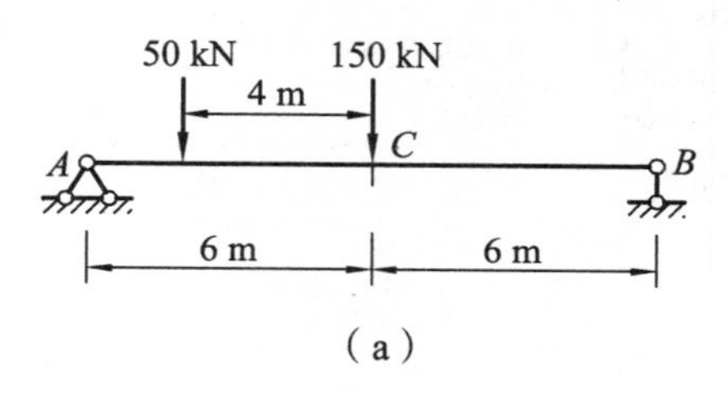

(a)

50 kN　100 kN　100 kN

5 m　5 m

A　C　B

5.5 m　5.5 m

（b）

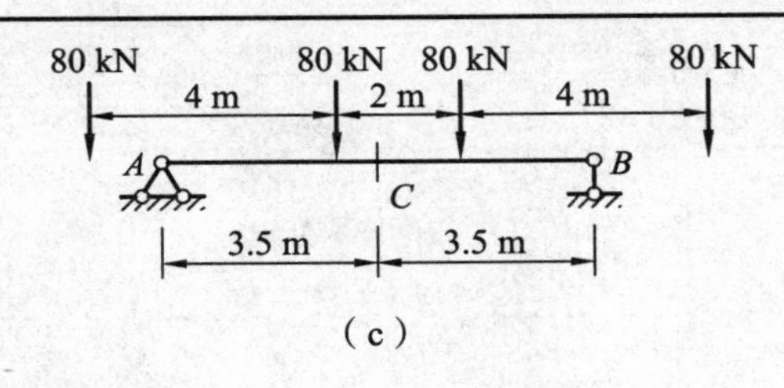

（c）